ro
ro
ro

«Selbst der einsamste Mensch war noch nie ganz allein.»

Wenn du diesen Satz zu Ende gelesen hast, dann sind auf und in deinem Körper Tausende winzig kleiner, putzmunterer Lebewesen zur Welt gekommen. Es sind Mikroben, die sich da tummeln. Viele von ihnen sind lebenswichtig für den Menschen, und nur manche lösen Krankheiten aus. Vom Zoo auf der Haut oder im Darm weißt du vermutlich recht wenig, denn mit bloßem Auge sind viele deiner Mitbewohner nicht zu erkennen. Manche leben nur kurzzeitig bei uns oder sind seltene Gäste. Wusstest du, dass Bakterien Menschendüfte bestimmen und Flöhe nicht nur Blutsauger, sondern auch kleine Akrobaten sind?

Textkästen mit Experimenten, Zahlen & Rekorden, Steckbriefen und Fragen zum Nachhaken liefern dir viele zusätzliche Informationen bei diesem spannenden Ausflug zum verborgenen Leben auf dem Menschen. Und außerdem: Bastel dir ein dreidimensionales Blutsauger-Mobile aus Papier für dein Zimmer!

Jörg Blech ist Journalist und arbeitet beim Nachrichtenmagazin «Der Spiegel» in Hamburg. Die Idee zu diesem Buch kam ihm, als er einen Artikel über die kleinsten Mitbewohner des Menschen schreiben sollte und weder in der Buchhandlung noch in der Bibliothek Informationen zu diesem spannenden Thema finden konnte. «Mensch & Co.» ist das erste Buch, das der Vater von zwei Töchtern für Kinder geschrieben hat.

Antje von Stemm, Jugendliteraturpreisträgerin der Kategorie Sachbuch im Jahr 2000, ist die einzige Papieringenieurin Deutschlands. In Amerika hat sie gelernt, wie man durch Falzen, Knicken und mit ein wenig Klebe aus Papier die tollsten Dinge basteln kann. Das Blutsauger-Mobile hat sie zur Expertin für Flöhe, Läuse und Zecken gemacht.

Jörg Blech

Mensch & Co.

Aufregende Geschichten von Lebewesen,
die auf uns wohnen

Rowohlt Taschenbuch Verlag

science & fun
Lektorat Angelika Mette

2. Auflage August 2002
Originalausgabe ·
Veröffentlicht im Rowohlt
Taschenbuch Verlag GmbH,
Reinbek bei Hamburg,
November 2001 ·
Copyright © 2001 by Rowohlt
Taschenbuch Verlag GmbH,
Reinbek bei Hamburg ·
Umschlaggestaltung
any.way, Barbara Hanke ·
Fotos: Image Bank / Tony Stone
Images
Reihentypografie und Layout
Iris Farnschläder, Hamburg ·
Gesetzt aus Minion und
Thesis Serif in QuarkXPress 4.1 ·
Gesamtherstellung
Clausen & Bosse, Leck ·
Printed in Germany ·
ISBN 3 499 21162 0

Die Schreibweise
entspricht den Regeln
der neuen Rechtschreibung.

für Hannah Sophie & Antonia Marie

Inhalt

Ein Menschenfloh in
35facher Vergrößerung
unter dem Elektronen-
mikroskop

Einleitung: Du bist besiedelt!

Die Geschichte vom Leben auf dem Menschen beginnt mit einer guten Nachricht: Selbst der einsamste Mensch war noch nie ganz allein. Er ist so dicht besiedelt wie ein geheimnisvoller Urwald. Auf jeder einzelnen Körperzelle finden zehn fremde Lebewesen Platz. Das gilt auch für dich! Die merkwürdigsten Geschöpfe tummeln sich auf dir. **Du bist nicht allein!** Wenn du diesen Satz zu Ende gelesen hast, dann sind auf deinem Körper Millionen neuer, winzig kleiner Lebewesen auf die Welt gekommen.

Mitten im Gesicht des Menschen wohnen sonderbare Spinnentiere, die fleißig Babys bekommen. Sie heißen Haarbalgmilben (siehe rechts oben) und sehen unter dem Mikroskop aus wie Krokodile mit acht Stummelfüßchen. Sie beißen nicht und sind zum Glück harmlos und friedlich. Man kann diese «Krokodilchen» mit bloßem Auge nicht erkennen, weil sie kleiner sind als der Punkt hinter diesem Satz. Je älter man wird, desto mehr Milben hausen im Gesicht. Erwachsene Menschen haben etwa tausend Milben; die Abwehrkräfte des Körpers sorgen dafür, dass es nicht mehr werden.

Eine Amöbenart, die in deinem Mund vorkommt: *Entamoeba gingivalis* im Lichtmikroskop

In deinem Mund wohnen ebenfalls geheimnisvolle Wesen: Die friedfertige Amöbe mit dem komplizierten Namen *Entamoeba gingivalis* schiebt sich mit ihren Scheinfüßchen vorwärts und versucht so, Bakterien zu erwischen und zu verzehren.

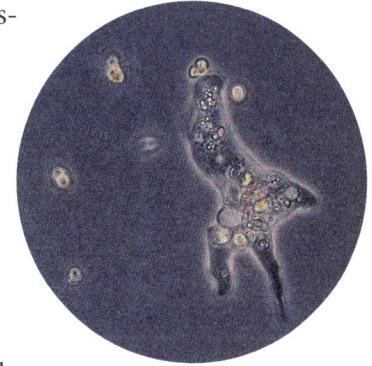

Aber auch Flöhe, Fliegen, Mücken, Wanzen, Würmer, Urtierchen, Viren, Läuse, Egel, Zecken und Pilze leben auf dem Körper des Menschen. Diese kunterbunte Lebensgemeinschaft entstand vor etwa drei Millionen Jahren. In diesem Buch könnt ihr dagegen in

Blutrünstige
Bettwanzen
auf einem Laken

drei Stunden erfahren, was eure tierischen Besucher und unsichtbaren kleinen Siedler so alles auf eurem Körper anstellen: Sie saufen das Blut oder naschen an Abfällen, wie beispielsweise abgestorbenen Zellen, die es in rauen Mengen auf jedem Körper gibt. Jede Minute lösen sich Zehntausende winziger Hautschuppen vom Körper. Hinzu kommen Eiweiß- und Fettabsonderungen wie Talg und Ohrenschmalz. Lecker! Grund zur Panik besteht nicht– denn in vielerlei Hinsicht sind unsere Bewohner gut für uns, wie wir noch sehen werden.

Viele der kleinen Besiedler besuchen dich heimlich. Die blutrünstigen Bettwanzen zum Beispiel verstecken sich in Ritzen und Fugen des Zimmers. Sie kriechen – kribbel, krabbel – mitten in der stockfinsteren Nacht zu dir ins Bett, wenn du schläfst, und zapfen dich an, ohne dich zu wecken. Andere Tiere sind wie Nachbarn: Sie fliegen oder krabbeln regelmäßig vorbei, wenn sie etwas brauchen – eine kleine Mahlzeit Mensch zum Beispiel.

Wo das Leben brummt

Die meisten Besiedler stammen aus dem Reich der unsichtbar kleinen Lebewesen. Sie sind überall: Viren, Bakterien und Einzeller – in der Fachsprache der Wissenschaftler heißen sie Mikroorganismen oder kürzer: Mikroben. Auf deiner Haut wuseln in diesem Augenblick so viele Bakterien umher, wie Menschen auf der ganzen Erde wohnen: Das sind mehr als sechs Milliarden! In deinem Darm gibt es sogar noch sehr viel mehr davon, und zwar etwa 100 000 000 000 000 Stück. In Worten ausgedrückt, sind das hundert Billionen Bakterien. Zum Vergleich: Dein Körper besteht «nur» aus zehn Billionen Zellen – also einem Bruchteil davon. Man kann daher sagen, dass der Mensch auf seinem eigenen Körper in der Minderheit ist, denn auf eine Menschenzelle kommen zehn Fremdlinge.

Dass wir ausgerechnet die Tierchen, die uns am nächsten stehen, die ganze Zeit übersehen, liegt an ihrer Farbe und an ihrer Größe. Eine Bazille ist nämlich durchsichtig wie Glas und eine Million Mal kleiner als ein Mensch. Das winzigste Staubkorn in einem Sonnenstrahl, das man mit bloßem Auge noch erkennt, misst ungefähr zwölf Mikrometer (ein Mikrometer ist der tausendste Teil eines Millimeters). Ein Bakterium normaler Größe ist etwa zehnmal kleiner: Sein Durchmesser beträgt ein Mikrometer.

Wenn unsere Augen also nur etwas besser wären, dann könnten wir die Wunderwelt

Zahlen & Rekorde

Wie viel ist eine Billion?

- Eine Billion ist eine 1 mit 12 Nullen: 1 000 000 000 000.

- Eine Billion Sekunden dauern knapp 32 000 Jahre. Vor so viel Zeit gingen die Menschen noch auf Mammutjagd.

- 10 Billionen Körperzellen plus 100 Billionen Kleinstlebewesen plus einige Insekten und Würmer ergeben zusammen: einen Menschen!

der Bakterien um uns herum und auf unserer Haut sehen. Diese kugeligen, schraubigen, manchmal sogar behaarten Geschöpfe leben nämlich nicht in einem weit entfernten Phantasialand, sondern nur ganz knapp unterhalb der Grenze des Sichtbaren. Man braucht ein Mikroskop, um sie zu erkennen. Aber nicht nur die unvorstellbar kleinen Bakterien, sondern auch die größeren Tiere im Lebensraum Mensch kommen uns merkwürdig und manchmal sogar lustig vor. «Menschen neigen dazu, ihre eigene persönliche Struktur als ‹normal› zu betrachten und alles davon Abweichende als ausgesprochen komisch», erklärt die englische Insektenkundlerin Miriam Rothschild. «Es fällt ihnen schwer, sich bewusst zu machen, dass Flöhe durch Löcher an der Seite atmen und dass sie ein Nervenbündel unter dem Magen haben und ein Herz auf dem Rücken.»

Des Königs Floh

Vor ein paar hundert Jahren fand kein Mensch Flöhe «komisch». Kein Wunder: Flöhe zu haben war ganz alltäglich. Überall sprangen – hüpf – die blutsaugenden Insekten umher. Da-

Bakterien (gelb eingefärbt) kleben auf der Spitze einer Nadel

mals wimmelte es in Hütten und Palästen von kleinen und großen Krabbeltieren. Den König und den Hofstaat juckte es genauso wie den Knecht und die Magd. Der englische Mönch Roger Bacon schliff im 13. Jahrhundert, also vor rund 700 Jahren, Glaslinsen für Brillen. Wenig später trugen die Menschen kleine Lupen mit sich herum. Es waren daumengroße Metallrohre mit einer Linse am Ende; sie wurden Flohgläser genannt. Noch vor 200 Jahren verstieß es nicht gegen das gute Benehmen, auch in vornehmster Gesellschaft auf anderen Menschen nach Flöhen und sonstigen Plagegeistern zu suchen. Die Herrschaften packten die kleinen Lästlinge mit Pinzetten aus Elfenbein und zupften sie sich aus der Kleidung und den Perücken, die damals alle trugen.

Als im 15. Jahrhundert ein Untertan dem französischen König Ludwig XI. (1423 bis 1483) dezent eine Laus wegpickte, da sagte der König gütig: «Läuse erinnern Adelige daran, dass auch sie Menschen sind.»

Am nächsten Tag wollte sich ein anderer Untertan einschmeicheln. Er tat so, als habe auch er auf dem König einen Floh entdeckt. Der König hatte aber keine Lust mehr auf Ungeziefer.
Er brüllte: «Was! Hältst du mich für einen Hund, dass ich Flöhe haben soll? Aus meinen Augen!»

Auch Flöhe werden von Ungeziefer geplagt: Auf diesem Igelfloh tummeln sich winzige Milben

Gewusel unter Perücken und in Kleidern

Ein Mittel gegen Läuse war, sich den Kopf kahl zu rasieren. Nicht nur die Glatzköpfe fanden es chic, Perücke zu tragen. Das taten damals die meisten Damen und Herren der besseren Gesellschaft. Unter dem Haarersatz tummelten sich bald die Läuse, weil sie hier gute Bedingungen zum Leben fanden.

Früher, im Mittelalter, hatten alle Menschen Läuse. Um sich gegenseitig zu wärmen, lagen bei kaltem Wetter Jung und Alt zusammengedrängt auf Strohmatratzen in ihren erbärmlichen Hütten. Die Kleider wurden selten gewechselt, denn ohne Waschmaschinen war das Wäschewaschen eine mühsame Angelegenheit. Auch auf Körperhygiene wurde nicht so sehr geachtet, denn das Wasser war kostbar und musste erst vom Brunnen oder aus dem Fluss geholt werden. Den Reichen ging es nicht viel besser: Sie trugen viele Kleidungsstücke übereinander, die sie ebenfalls nur sehr selten wechselten. Und in diesen Schichten aus Stoff vermehrte sich das Ungeziefer ganz ungestört. Das geht auch aus einem uralten Bericht hervor, der das Begräbnis des englischen Erzbischofs von Canterbury, Thomas Becket, beschreibt. Er wurde im Dezember des Jahres 1170 ermordet. Der Tote hatte ungewöhnlich viele Kleider an: ein Tuch aus Leinen, darüber ein Hemd, dann eine schwarze Robe, eine Wolljacke, noch eine Wolljacke und dann noch eine weitere Wolljacke. Und darüber trug der Bischof ein weißes Hemd und darüber schließlich einen braunen Mantel.

Als der Bischof tot war, begann das Ungeziefer, das in dieser vielfachen Hülle lebte, herauszukriechen. Aus sämtlichen Falten und Ritzen quollen die Krabbelviecher hervor wie Wasser aus einem kochenden Kessel. «Die Zuschauer brachen abwechselnd in Lachen und Weinen aus», heißt es in dem Bericht.

Blutsauger von der Geliebten

Für eure Ur-ur-urgroßeltern war das
Leben mit den winzigen Hüpfern noch
völlig selbstverständlich. Stoffhändler
priesen ihre Kleiderstoffe damals als
«flohfarben», «lausfarben» oder «wan-
zenfarben» an. Mancher Liebhaber fing
aus Verehrung den Floh seiner Gelieb-
ten, sperrte ihn in einen winzigen goldenen Käfig, den er sich um den Hals
hängte. Der Floh konnte sich durch die
Gitterstäbe vom Blut seines neuen
Herrn ernähren.

Es gab auch kleine Flohfallen.
Manche Damen hängten sie sich als
Schmuck um den Hals, andere trugen
die Fallen lieber heimlich in der Unterwäsche. Auch kleine Schoß-
hunde waren zum Zweck der Ungezieferabwehr beliebt. Flöhe und
Läuse sollten vom Menschen in das Fell des Hündchens kriechen.

Die vielen Tierchen, die es beispielsweise im französischen
Hofstaat gab, fand nicht jeder lustig. So klagte der Gesandte des
Herzogs von Ferrara in einem Brief über die vielen «Flöhe, Läuse,
Wanzen und Fliegen», die ihm während seines Aufenthaltes auf
dem neu erbauten und prächtigen Schloss des Königs «gar keine
Ruhe gegönnt hätten».

Erstaunliche Welt im Mikroskop

Der Niederländer Antoni van Leeuwenhoek (1632 bis 1723) baute
Mikroskope, mit denen er als erster Mensch die winzigen Bakterien sehen konnte. Sie sind so klein, dass man sie nur entdecken
kann, wenn man sie mit einer guten Lupe oder einem Mikroskop
stark vergrößert. Damit ihr euch die Welt der kleinsten Geschöpfe

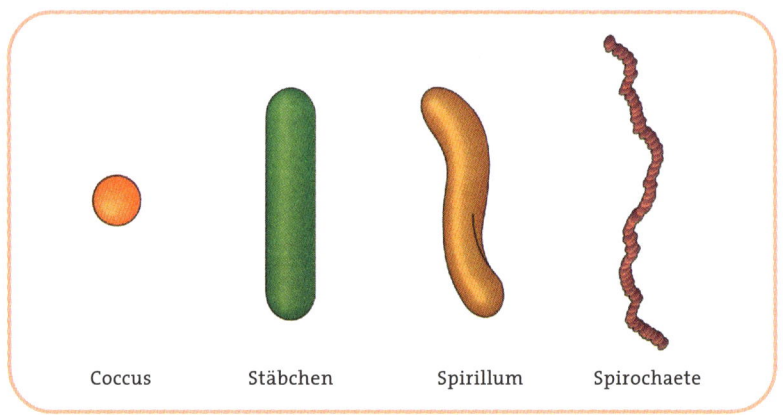

Coccus　　　Stäbchen　　　Spirillum　　　Spirochaete

vorstellen könnt, hier ein eindrucksvoller Vergleich: Ungefähr 1000 Bakterien passen auf den Punkt hinter diesem Satz. Man kann sich also gut vorstellen, dass wir sie wegen ihrer Winzigkeit gar nicht bemerken. Doch sie sind die eigentlichen Herrscher auf der Erde und haben auch alle möglichen Lebensräume besiedelt.

Man entdeckt sie in heißen Schwefelquellen, auf eisigen Berggipfeln, in Wüsten, in Badeseen, in Wolken – und im Spüllappen (dazu mehr im letzten Kapitel). Und natürlich auf und im Körper des Menschen: Mehr als 500 verschiedene Arten von Bakterien haben Forscher bisher auf ihm gezählt.

Leider sind nicht alle Arten von Siedlern des Menschen harmlos. Ganz im Gegenteil: Einige Bakterien gehören zu den gefährlichsten Krankheitserregern auf der Erde. Eine 0,000 000 000 000 01 Gramm leichte Bazille kann ein menschliches Schwergewicht von 100 Kilogramm töten.

Nachgefragt

Warum heißen Bakterien eigentlich Bakterien?

Der Name kommt aus dem Griechischen, wo *bakterion* so viel heißt wie «Stäbchen». Der Grund: Die ersten Bakterien, die man entdeckte, sahen unter dem Mikroskop aus wie kleine Stäbe. Inzwischen weiß man aber, dass Bakterien auch andere Formen haben können. Die Kokken beispielsweise sind kugelrund, und die Spirillen sehen aus wie spiralförmige Nudeln. Die Spirochaeten erinnern an verdrehte Fäden.

«Mitesser» in unserem Körper

Im alten Griechenland war ein *parasitos* ein Mensch, der bei Gastmahlen als Vorkoster das Essen probierte. Auf diese Weise konnte er sich stets den Bauch voll schlagen, ohne dafür richtig arbeiten zu müssen. Heute hat der Begriff «Parasit» in der Biologie eine ähnliche Bedeutung: Der Parasit schmarotzt, ohne eine Gegenleistung zu erbringen. In der Welt der Pflanzen und Tiere sind damit Lebewesen gemeint, die auf Kosten eines anderen Geschöpfs leben, das sie aber nicht töten – zumindest nicht sofort.

Eine erste Maßnahme im Kampf gegen Parasiten und Krankheitserreger ist Sauberkeit. Aber selbst wer wie ein Putzteufel durch alle Ecken und über sämtliche Kanten wischt, kann es niemals schaffen, dass er wirklich alle Kleinstlebewesen beseitigt. Das Leben ist niemals keimfrei.

Die allermeisten Insekten, Spinnentiere und einzelligen Wesen, die auf und in unserem Körper siedeln, sind glücklicherweise ziemlich friedlich. Viele Bakterien brauchen wir sogar, um gesund zu bleiben. Und umgekehrt können auch die Bakterien nur überleben, wenn es dem Menschen gut geht. Die Geschichte der Lebensgemeinschaft «Mensch & Co.», die hier erzählt wird, berichtet hauptsächlich von Bewohnern, die es prima finden, wenn auch wir uns putzmunter fühlen.

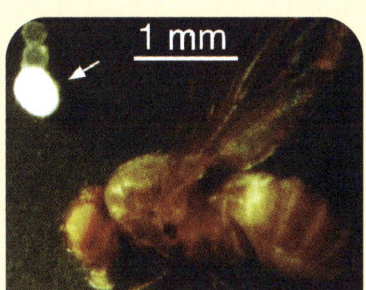

Der Mensch – ein molliges Zuhause

Nur vor der Geburt, im Bauch der Mutter, ist der Mensch noch nicht besiedelt und damit keimfrei. Doch schon während der Geburt stürmen die ersten Bakterien auf den neuen Erdenbürger ein. Die Winzlinge gehen von der Mutter auf das Baby über. Das heranwachsende Kind wird ihnen für den Rest seines Lebens Zuflucht und Heimat sein. Eine Heimat, in der gleichsam Milch und Honig fließen und die immer beheizt ist: Mollige 37 Grad Celsius beträgt die Körpertemperatur des Menschen.

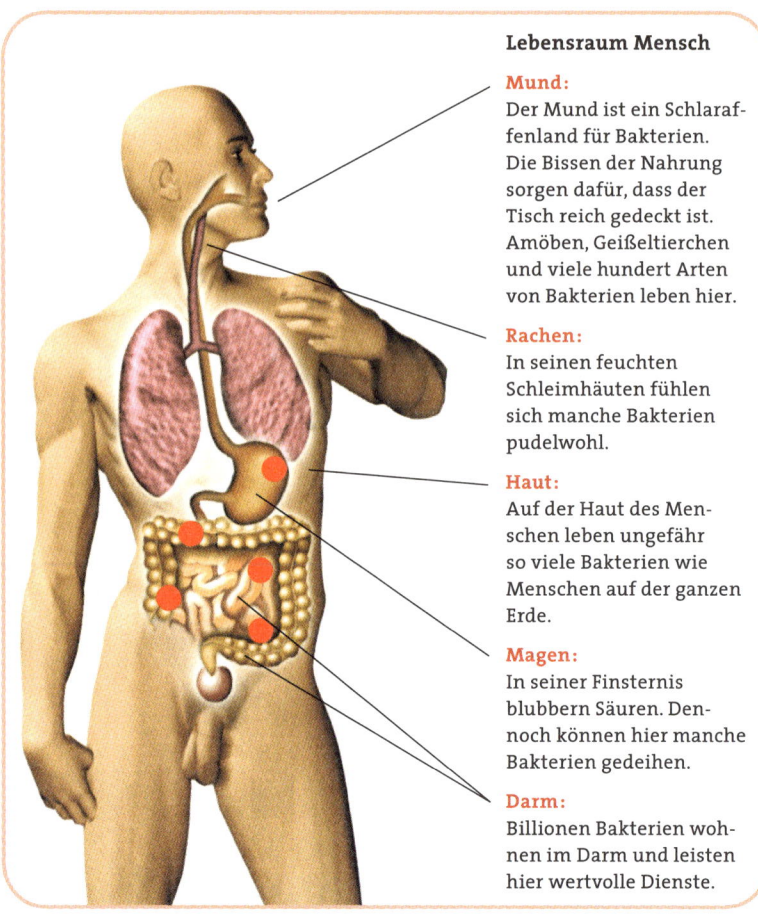

Lebensraum Mensch

Mund:
Der Mund ist ein Schlaraffenland für Bakterien. Die Bissen der Nahrung sorgen dafür, dass der Tisch reich gedeckt ist. Amöben, Geißeltierchen und viele hundert Arten von Bakterien leben hier.

Rachen:
In seinen feuchten Schleimhäuten fühlen sich manche Bakterien pudelwohl.

Haut:
Auf der Haut des Menschen leben ungefähr so viele Bakterien wie Menschen auf der ganzen Erde.

Magen:
In seiner Finsternis blubbern Säuren. Dennoch können hier manche Bakterien gedeihen.

Darm:
Billionen Bakterien wohnen im Darm und leisten hier wertvolle Dienste.

Dieses warme Plätzchen wollen wir uns aus Sicht unserer Besiedler betrachten. Was würde beispielsweise eine Milben-Mama ihren neugierigen Kindern erzählen über ihr gemeinsames Leben auf dem Menschen? «Es gibt hier jede Menge zu essen», würde die Milbenmutter vielleicht sagen. «Nahrhafte Schuppen kommen die ganze Zeit aus der Haut, leckere Flüssigkeiten sprudeln aus Löchern wie Wasser aus einer Quelle, und es gibt gute Stellen, an denen man sich verstecken kann, wenn man muss. Überall finden sich kleine Löcher, und es gibt hohe gerade Stiele, an denen man sich festhalten kann.

Es ist die ganze Zeit warm, und an manchen Stellen wärmer als an anderen. Nirgendwo auf der Oberfläche gibt es böse Tiere, und die ganze Landschaft ist die meiste Zeit des Tages schön ruhig. Man könnte gar nicht nach einem besseren Platz fragen, um zu leben und eine Familie großzuziehen.»

Das Leben tobt in feuchten Höhlen

Auf fast jedem Fleck eurer Haut haben sich Siedler niedergelassen. Unsere Körperhülle ist für die Bewohner die einzige Welt, die sie kennen. Da gibt es dichtes Gestrüpp (Kopfhaare), warme Quellen (Schweißdrüsen) und windige Berggipfel (Nasenspitze). Überdies gibt es auch finstere und feuchte Höhlen in eurem Körper – auch in denen tobt das Leben.

Wo diese verborgenen Lebensräume liegen, kann man sich gut vorstellen, wenn man den Weg verfolgt, den ein Bissen Nahrung durch den Körper nimmt:

Die Reise beginnt im Mund. Der Platz zwischen Zähnen und Zunge ist ein richtiges Schlaraffenland für Kleinstlebewesen. Es ist schön feucht und der Tisch meist reich gedeckt. Amöben, Geißeltierchen, Hefepilze und vor allem Bakterien kommen hier voll auf ihre Kosten. Wenn man sich die Zähne nicht gut putzt, wuchern die kleinen Besiedler allerdings derart, dass sie schwefelige Giftgase bilden und Zahn sowie Zahnfleisch angreifen.

Das Bakterium *Helicobacter pylori* lebt in der Schleimhaut des Magens

Bakterien, die mit der Nahrung verschluckt werden, landen im Magen. Es ist stockduster hier, und überall blubbern Säuren. Sie zersetzen Nahrungsbissen und verwandeln sie in einen Brei, der zwar wenig appetitlich aussieht, dafür aber leicht verdaut werden kann. Obwohl es im Magen so dunkel und so sauer ist, leben auch hier unten Bakterien. Die lichtscheuen Mikroben verbergen sich zwar geschickt in den Falten der Magenhaut, doch wir wissen:
Sie sind da!

Der Darm – ein Paradies für hungrige Siedler

Vom Magen fließt der Speisebrei nun in den Darm. Nirgendwo sonst in und auf deinem Körper leben mehr Bakterien, aber auch Pilze, Amöben und Würmer als hier. Der Darm ist ein unglaublich großes Paradies für Mikroben: Wenn man ein Tuch, das ausgebreitet einen ganzen Tennisplatz bedeckt, so oft zusammenfaltet, dass es in einen drei Meter langen Schlauch passt, dann hat man eine Vorstellung davon, wie der menschliche Darm gebaut ist und wie groß er ist. Von diesem Meisterstück der Verpackungskunst profitieren Mensch und Mikroben. Der Mensch kann mit dem großen Darm besonders viel Nahrung verdauen. Und etwa 500 verschiedene Bakterienarten finden auf der mehr als 100 Quadratmeter großen Oberfläche ausreichend Platz zum Leben. Auch auf dem letzten Stück unserer Reise durch die Verdauung weichen unsere Begleiter noch nicht von unserer Seite. Das, was wir in der Toilette unter uns lassen, besteht fast zur Hälfte aus Bakterien!

Es ist also egal, wohin ein Mensch geht: Immer schleppt er Bakterien mit sich herum. Das gilt natürlich auch für Kosmonauten und Astronauten. In der russischen Weltraumstation MIR leben mehr als 250 verschiedene Arten von Mikroorganismen; seltsamerweise können manche Bakterien und Schimmelpilze in der Schwerelosigkeit des Weltraums besser wachsen als auf der

Erde. Auf der amerikanischen Flagge, die auf dem Mond steht, kleben ebenfalls Reste von Bakterien. Weil die Winzlinge auf allen Satelliten und Raketen haften, die der Mensch in den Weltraum schießt, besteht sogar die Gefahr, dass menschliche Raumfahrer den Kosmos verseuchen, wenn sie ferne Welten erkunden.

«Dies ist ein kleiner Schritt für einen Menschen, aber ein riesiger Sprung für die Menschheit», funkte der amerikanische Astronaut Neil Armstrong an die Erde, als er am 20. Juli 1969 als erster Mensch seinen Fuß auf den Mond setzte. Dabei dachte er wahrscheinlich nicht daran, dass Amöben, Milben und ungezählte Bakterien mit von der Partie waren. Die stummen Geschöpfe erlebten die aufregende Mondfahrt in und auf dem Körper des Astronauten.

Wäre Neil Armstrong auf seinem Mondspaziergang Außerirdischen begegnet, dann hätten die ihn als einen Riesenhaufen vieler kleiner Lebewesen wahrgenommen, die auf einem größeren Lebewesen wohnen. Folgendes hätten sie in ihr Logbuch geschrieben: «Die irdische Lebensform besteht aus 1000 Gesichtsmilben, 70 Amöben, Tausenden von Urtierchen, 1 Mensch und Billionen von Bakterien.»

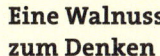

Zahlen & Rekorde

Eine Walnuss zum Denken

Nicht nur im kunstvoll verpackten Darm funktioniert der Trick mit der vergrößerten Oberfläche, sondern auch in unserem Gehirn. Das Denkorgan hat keine runde, glatte Oberfläche, sondern ist schrumpelig und faltig wie das Innere einer Walnuss. Durch die vielen Einbuchtungen und Schluchten vergrößert sich die Oberfläche des Gehirns: Das schafft Platz zum Denken. Ausgebreitet hätte die Oberfläche des menschlichen Gehirns (Cortex) die Größe von mehr als 16 Seiten dieses Buches. Zum Vergleich: Der Cortex einer Ratte wäre nur so groß wie eine Briefmarke, der eines Schimpansen wäre so groß wie vier Seiten dieses Buches.

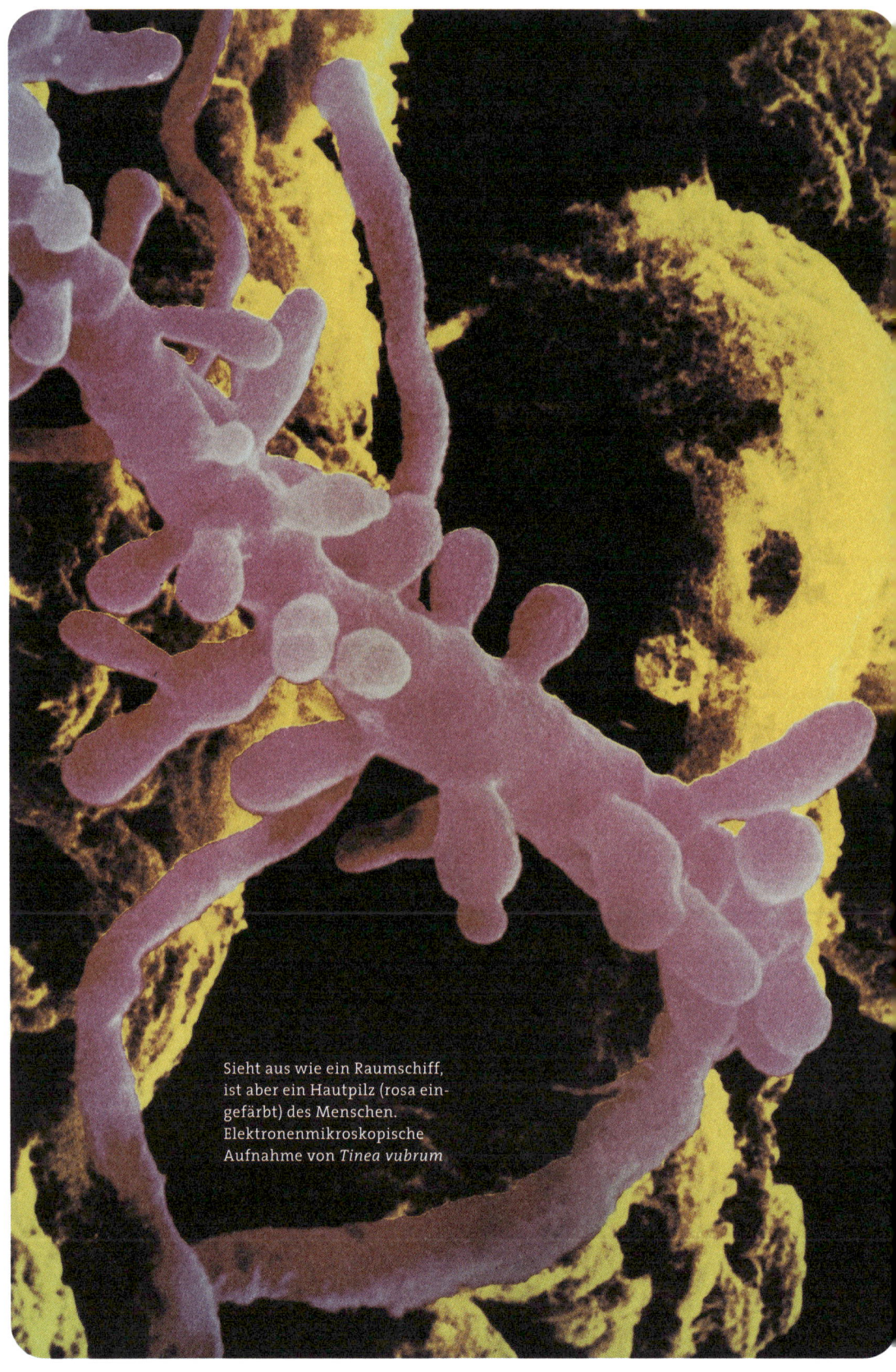

Sieht aus wie ein Raumschiff,
ist aber ein Hautpilz (rosa eingefärbt) des Menschen.
Elektronenmikroskopische
Aufnahme von *Tinea vubrum*

Teil 1 Treue Siedler

Parfümeure und Stinker

Pfffffffffft! Mindestens 10- bis 15-mal am Tag zischt, kracht und stinkt es – ein Pups kriecht hervor. Die kleinen, aber manchmal lautstarken Explosionen verdankt der Mensch winzigen Freunden. Denn Bakterien, die im Darm Nahrungsmittel verdauen, produzieren schwefelige Gase – die ihr dann als Furz fahren lasst!

Aber auch alle anderen Gerüche, die euren Körper umwehen, werden von Bakterien hergestellt. Millionen von ihnen leben in den Schweißdrüsen. Aus diesen winzigen Öffnungen der Haut verdunstet man jeden Tag mehr als einen halben Liter Wasser, der die erstaunlichsten Dinge enthält: Säuren, Kochsalz, Harnstoff, Eiweißverbindungen, Fette, Hormone, Hautschuppen. Milliarden von Kleinstlebewesen, die in und an unseren Hautdrüsen leben, sind ganz scharf auf manche dieser eigentlich ziemlich unappetitlichen Absonderungen und futtern sie. Dadurch entstehen Abfälle, so genannte Spaltprodukte, die so leicht sind, dass sie durch die

Bakterien an der Darmwand: Sie spalten Nährstoffe und produzieren dabei Gase

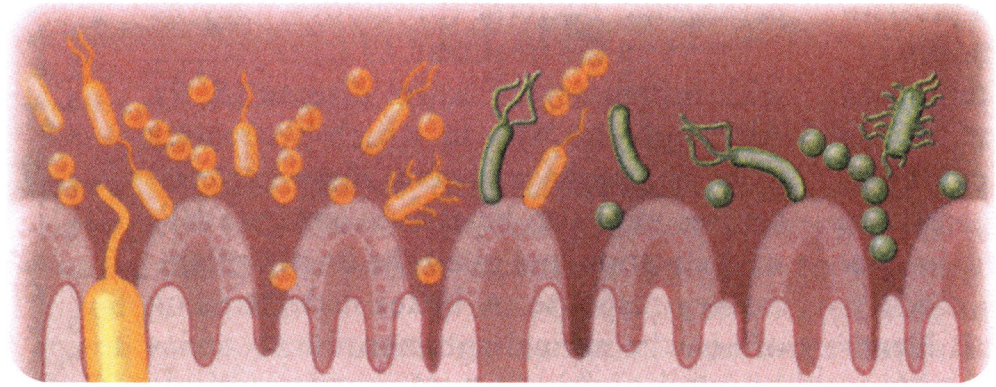

Einen sonderbaren Messapparat schleppt dieses Schaf in Neuseeland mit sich herum. Forscher untersuchen damit, wie viel das Schaf pupst. Ergebnis: Wenn es fettes Gras frisst, dann bläst es besonders viel Gas heraus

Luft fliegen – und damit in unserer Nase einen Geruch auslösen. Der köstlichste Babyduft und der fürchterlichste Käsefußgestank werden auf diese Weise von den Bakterien gemacht.

Das ist überhaupt kein Grund, die Nase zu rümpfen! Körpergerüche spielen eine ganz wichtige Rolle in den Familien. Eltern können ihre Kinder erschnüffeln. Und umgekehrt erkennen bereits kleine Kinder den etwas strengeren Geruch ihrer Eltern. Die haben sich übrigens nur lieb, weil sie «sich gut riechen können» und zwischen ihnen «die Chemie stimmt». Der «Familienduft» haftet natürlich auch an eurer Kleidung und euren Sachen. Achtet mal darauf, wenn ihr nach dem Urlaub wieder nach Hause kommt. Aus diesen Gründen sind die Bakterien in den Drüsen unserer Haut und in den Tiefen unseres Darms ganz wichtige Partner in der Gemeinschaft «Mensch & Co.». Wir geben ihnen ein Zuhause – sie schenken uns das vergängliche Reich der Körpergerüche.

Ein Pups als Kriegserklärung

Als unsere Vorfahren die Sprache noch nicht entwickelt hatten, waren Fürze vermutlich ein wichtiges Mittel zur Verständigung. Sie ertönten am abendlichen Lagerfeuer und sorgten schon damals für Lachen und je nach Länge und Lautstärke bestimmt auch für Bewunderung. Auch heutige Kleinkinder pupsen gerne und viel, noch bevor sie richtig reden können. Der Spaß ist uralt. Bereits der Schriftsteller Cato, ein Staatsmann im alten Rom, berichtete von Mägden und Knechten, die vergnügt «um die Wette furzen».

Dass Fürze sogar Kriege auslösen können, wird in folgender Geschichte erzählt: Im Jahre 570 vor Christi Geburt fürchtete König Apries von Ägypten um seinen Thron, weil ein Teil seines Volkes sich gegen ihn auflehnte. Deshalb schickte der König einen Offizier namens Amasis los. Amasis sollte den unzufriedenen Untertanen Geschenke geben und sie so wieder friedlich stimmen. Die Untertanen nahmen zwar die Geschenke an, doch dann krönten sie den Offizier Amasis einfach zu ihrem neuen König. Der alte König bekam einen Wutanfall und schickte daraufhin einen Boten: Auf der Stelle sollte der abtrünnige Offizier in den Palast zurückkommen! Amasis, der gerade auf einem Pferd saß, überlegte kurz, hob sein Hinterteil dann lässig vom Sattel – und ließ «einen Wind streichen». Nach diesem Knaller brach ein Krieg aus, durch den der alte König Apries nicht nur den Thron verlor, sondern auch sein Leben: Nach seiner Niederlage tötete ihn das wütende Volk.

Auch bei Tisch verstieß das Furzen früher nicht gegen die Regeln des guten Benehmens, ganz im Gegenteil: Nach einer Einladung zu einem leckeren Essen blies man dem Gastgeber ein aromatisches Dankeschön. «Warum rülpset und forzet ihr nicht?», fragte der Priester und Reformator Martin Luther. «Hat es euch nicht geschmecket?»

Besonders der französische Sonnenkönig Ludwig XIV. ließ es

in seinem Schloss noch völlig ungeniert krachen. Seine Schwägerin, die Deutsche Liselotte von der Pfalz, schrieb ihm dazu ein Gedicht:

> *Ihr, die Ihr im Gekröse*
> *Habt Winde gar so schlimme.*
> *Gebt diesen Winden Stimme.*
> *Lasst gehn sie mit Getöse.*

Es gibt noch eine königliche Geschichte aus der heutigen Zeit über einen Pups: Die Queen von England fuhr einmal mit einem Botschafter aus Afrika in ihrer Kutsche, die von sechs edlen Pferden gezogen wurde. Plötzlich war ein Krachen zu hören. Laut und deutlich und lang. Die Königin sagte daraufhin zu ihrem Gast: «Sorry, es tut mir Leid.» Der Botschafter antwortete verschmitzt: «Majestät, wenn Sie jetzt nichts gesagt hätten, hätte ich sowieso angenommen, dass es das Pferd war.»

Vorsicht: Fürze können brennen!

Rund um das Pupsen ist sogar eine richtige Wissenschaft entstanden: die so genannte *Flatologie.* Die Gelehrten erforschen, woraus genau Darmwinde bestehen. Warum stinken nur manche so übel? Und wieso kriechen einige ganz leise hervor, während andere wie ein Gewitterdonner hervorkrachen?

Überrascht stellten die Wissenschaftler fest, dass ein Pups zu 99 Prozent aus geruchlosen Gasen besteht. Die Gase Sauerstoff und Stickstoff gelangen durchs Luftschlucken beim Essen und Trinken in den Körper. Die restlichen und wichtigen Anteile der Darmwinde steuern eure Besiedler bei: die etwa 500 Bakterienarten im Dickdarm.

Die stinkenden Gase im Furz enthalten Schwefel und machen nur etwa ein Prozent der Pupsmenge aus – aber 99 Prozent der Belästigung. Dass wir den Gestank so leicht riechen, sagt der amerikanische «Furzforscher» Michael Levitt, ist ein Beweis «sowohl für die Schärfe der Gase als auch für die Empfindlichkeit unserer Nase».

Die schwefelhaltigen Gase der Darmwinde verpesten nicht nur die Luft. Sie können auch Kunstgegenstände, die Silber enthalten – zum Beispiel alte Fotografien –, beschädigen. Die Erklärung: Schwefel färbt Silber schwarz. In Museen entfernen deshalb spezielle Filter den Schwefel aus der Luft.

Doch warum gibt es im Museum überhaupt so viel Schwefel in der Luft? Der englische Chemiker Peter Brimbleham hat dafür zwei Ursachen herausgefunden: Erstens verdunsten nasse Wollpullover Schwefel. Zweitens pupsen die Museumsbesucher heimlich und blasen damit jede Menge Schwefel in die Luft. Chemiker Brimbleham verlangt deshalb: Die Besucher von Galerien und Museen sollen sich unter Kontrolle haben!

Steckbrief

«Feuerteufel»

Name:
Methanobrevibacter smithii

Beruf:
spaltet und verdaut im Darm Nahrungsmittel

Aussehen:
stäbchenförmig

Besonderes Kennzeichen:
Ich lebe nur in jedem dritten Menschen und kann ein brennbares Gas (Methan) herstellen. Deshalb würden die Fürze mit einer blauen Flamme verbrennen, sollte man sie entzünden. Das kann bei Operationen im Krankenhaus passieren. Daher warnt man Ärzte, die elektrische Schneidgeräte verwenden, vor möglichen «Explosionen».

Gegen unverbesserliche Stinker könnte eine Art «Windwindel» helfen, die Michael Levitt mit zwei Forscherkollegen in den Vereinigten Staaten von Amerika erprobt hat. Die Ärzte führten mit 16 gesunden Freiwilligen einen Test durch. Acht von ihnen mussten dafür besonders präparierte Unterhosen anziehen. Die waren nämlich ausgestattet mit einem Kunststoffkissen, das mit Aktivkohle beschichtet war. Für jede Testperson gab es nun ein knappes Pfund dicke Bohnen zu essen. Tatsächlich machte wie im Sprichwort «jedes Böhnchen ein Tönchen». Doch die Windwindeln funktionierten: Die Kohlekissen verschluckten fast 90 Prozent der schwefelhaltigen Gase.

Das Experiment zeigt also: Man kann beeinflussen, wie viel man pupsen muss. Zwiebeln und Staudensellerie, Erbsen und eben Bohnen machen besonders viel Darmwinde. Der Grund:

Eine Beleidigung der Nase

Der amerikanische Forscher und Staatsmann Benjamin Franklin (1706 bis 1790) hat nicht nur den Blitzableiter erfunden. Auch Blähungen erregten seine wissenschaftliche Neugier. Franklin schrieb: «Es ist weltweit gut bekannt, dass bei der Verdauung unserer Nahrung in den Eingeweiden menschlicher Wesen eine große Menge von Winden produziert wird. Und dass das Entweichenlassen dieser Luft, die sich dann mit der Atmosphäre vermischt, eine Beleidigung für die Gesellschaft ist – ganz abgesehen von dem Gestank, der dies begleitet. Dass alle wohlerzogenen Menschen daher, um eine solche Beleidigung zu vermeiden, die Bemühung der Natur, diese Winde freizusetzen, mit aller Macht bremsen. Das verursacht (nicht nur) Krankheiten wie Koliken, einen Bruch, das Platzen der Trommelfelle und gefährdet manchmal selbst das Leben.»

Sie enthalten bestimmte Zuckersorten (*Rhamnose* und *Stachyose*), die der Mensch alleine gar nicht verdauen kann. Also müssen Bakterien diese Zucker in kleinere Bestandteile spalten. Auf diese Weise entstehen die vielen Gase, und Hosen mit eingebauten Windwindeln könnten vielleicht der neue Modehit werden …

Das Märchen vom schlimmen Schleicher

Die Lautstärke spielt für den Geruch keine Rolle, haben die Darmwindforscher erkannt. Die «schlimmen Schleicher» gibt es gar nicht. Das bedeutet: Leise, heimliche Fürze stinken nicht mehr als laute Kracher. Die Darmbakterien «würzen» zwar einen Pups mit ihrem Schwefel, haben jedoch keinen Einfluss darauf, wie laut er ist. Das liegt mehr an den Muskeln, die man in den Pobacken und am Darmausgang, dem After, hat. Manche Menschen können diese Muskeln besonders geschickt anspannen und praktisch auf Kommando «einen fahren lassen».

Einer, der das zu unerreichter Meisterschaft trieb, war der legendäre Kunstfurzer Joseph Pujol. Der Franzose besaß die seltene Gabe, mit dem Hintern so Luft holen zu können wie andere Leute mit dem Mund. Und dann konnte Monsieur Pujol diese Luft hörbar aus seinem Po zischen lassen. Bald nannten die Leute ihn nur noch «Petomane» (das kommt von *le pet* und heißt «der Furz» im Französischen). Ein zu Freudentränen gerührtes Publikum fand Pujol von 1892 an in einem bekannten Vergnügungstheater in

Paris, im «Moulin Rouge». 22 Berufsjahre lang pupste Pujol auf der Bühne. Mal imitierte er ein Gewitter, mal das Abfeuern einer Kanone, mal blies er einen Marsch.

Leider ist der große Künstler im Jahre 1945 gestorben. Von einem würdigen Nachfolger ist nirgends zu hören – oder kennt ihr einen?

Jeder Mensch hat seine Duftnote

Wie jedem Menschen verpassen die winzigen Parfümeure auch dir einen ganz persönlichen Geruch. Die Bakterien können aber nicht frei entscheiden, was für einen Geruch sie herstellen. Den bestimmen diejenigen Stoffe mit, die der Mensch ausdünstet. Und das wiederum hängt davon ab, was der Mensch gegessen hat, welches Geschlecht er hat, wie er gelaunt ist und welchem Kulturkreis er angehört. Die Mikroben stellen also stets ein Geruchsmuster her, das auch etwas über Stimmungen und Gefühle verrät.

Dass die Mikroben einem Lebewesen einen unverwechselbaren Geruch verleihen, haben Biologen auch bei vielen Säugetieren beobachtet. Bakterien im Tigerfell erzeugen beispielsweise ganz besondere Düfte, die es dem Tiger möglich machen, seine Jungen genau zu «erriechen». Viele Schnüffel-Experimente haben gezeigt, dass auch

Der Kunstfurzer Joseph Pujol konnte sogar Kerzen mit dem Hintern auspusten

Menschenmütter den Duft des eigenen Babys von anderen unterscheiden können. Und auch Kleinkinder erkennen nicht nur ihre Eltern, sondern auch ihre Geschwister und Großeltern mit der Nase.

Liebe auf den ersten Riecher

Manche Düfte wirken sogar zwischen Menschen und Tieren, beispielsweise der Sexuallockstoff des Ebers. Verwechslungen sind da nicht auszuschließen, wie eine höchst seltsame Geschichte aus England zeigt:

Es war Liebe auf den ersten Riecher. In Littledean, einem beschaulichen Dorf in der englischen Grafschaft Gloucestershire, verliebte sich im Dezember 1992 ein Schwein namens Doris in den Zeitungsboten und trieb ihn die Dorfstraße hinab. Der junge Mann flüchtete sich schließlich in eine Telefonzelle. Von dort rief er die Polizei zu Hilfe, die bald kam und die Zudringlichkeiten der Zwei-Zentner-Sau stoppte. Mit ein wenig mehr Reinlichkeit hätte der Zeitungsbote die pikante Situation vermeiden können. Mit seinem Schweiß verströmte der junge Mann nämlich einen unwiderstehlichen Geruch: *Androstenon*, den Lockstoff des Ebers. Und dieser schweinische Duft machte die Doris ganz wild.

Wenn der Geruch den Falschen anlockt …

Die in Südamerika heimische Vampirfledermaus trinkt das Blut schlafender Rinder (und mag übrigens auch Menschenblut, siehe Teil 2). Auf der Suche nach Lebenssaft folgt die Fledermaus am liebsten dem betörenden Duft, der von paarungswilligen Kühen ausgeht. Der soll eigentlich Bullen verführen – und nicht blutdürstende Vampirfledermäuse anlocken.

Viele wilde Tiere erschnuppern den Mief des Menschen. Hungrige Zecken wittern unseren Schweiß. Stechwütige Mücken können den Menschen bis auf 40 Meter orten, wenn sie seine

Mischung aus vergorenem Schweiß und vergammeltem Eiweiß mit ihren «Nasen», den sehr empfindlichen Antennen, spüren. Insbesondere Käsefüße weisen ihnen den Weg zum Opfer, glaubt der niederländische Biologe Willem Takken. Er erforschte die Lieblingsgerüche von Stechinsekten in einem Käfig mit drei Geruchsbereichen: Fuß, Atem und Haut. Ergebnis: Mücken mögen Käsefüße. «Dieser typische Schweißfußgeruch ähnelt dem Duft von Limburger Käse», findet Takken. Mancher Tropenreisender würde den weichen Stinkekäse allein schon deshalb mitnehmen, um gefährliche Mücken in Afrika und Asien in die

Steckbrief

«Stinkstiefel»

Name:
Micrococcus sedentarius

Beruf:
Müllmann zwischen den Zehen

Aussehen:
klein und kugelig

Besondere Kennzeichen:
Ich fresse abgestorbene Haut und stelle in alten Socken schwefelhaltige Gase her, die fürchterlich nach ollem Käse stinken.

Irre zu führen. Übrigens: Der Limburger Käse wird von bestimmten Bakterien vergoren. Kein Wunder also, dass er so umwerfend riecht – seltsam nur, dass manche Menschen den Stinkekäse freiwillig essen.

Dank Seife und Badewanne müffeln heute nicht mehr ganz so viele Menschen, da sie sich den Mief ziemlich bequem fortwaschen können. Bis vor 200 Jahren war das noch ganz anders: Damals waren alle Menschen wahre Stinkstiefel. So beschreibt es auch der Schriftsteller Patrick Süskind in seinem Roman «Das Parfüm»: «Der Bauer stank wie der Priester, der Handwerksgeselle wie die Meistersfrau, es stank der gesamte Adel, ja sogar der König stank, wie ein Raubtier stank er, und die Königin wie eine alte Ziege, sommers wie winters. Denn der zersetzenden Aktivität der Bakterien war im achtzehnten Jahrhundert noch keine Grenze gesetzt.»

Ungefähr zu dieser Zeit begannen Wissenschaftler, das Reich menschlicher Ausdünstungen zu erforschen. Der französische Gelehrte Jean-Noël Hallé rannte schnüffelnd durch die Gegend und hielt seine Eindrücke in sonderbaren Riech-Protokollen fest:

Nachgefragt

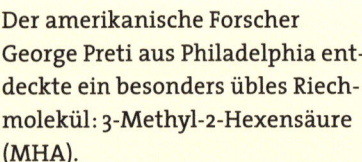

Warum stinkt Schweiß zum Himmel?

Der amerikanische Forscher George Preti aus Philadelphia entdeckte ein besonders übles Riechmolekül: 3-Methyl-2-Hexensäure (MHA).

Das widerwärtig riechende Zeug fand er im Schweiß von Männern. Die Schweißdrüsen geben MHA nicht direkt ab, vielmehr scheiden sie ein Eiweißmolekül aus, an dem das MHA chemisch fest hängt. Und dann zerlegen – schnipp, schnapp – Bakterien das Eiweißmolekül und setzen das stinkende MHA dabei frei.

Der Gestank in einem Pariser Hospital lasse sich «als eine Mischung aus Saurem, Fadem und Stinkendem beschreiben, die eher Übelkeit erregt, als dass sie die Nase beleidigt». Manche Chemiker in Frankreich schnallten sich absonderliche Glasröhrchen an den Leib und kletterten dann in eine warme Badewanne. Auf diese Weise wollten sie die Gase aus ihren Achselhöhlen und Därmen auffangen. In Italien wurden junge Bettler bis zur Hüfte in luftdichte Ledersäcke geschnürt. Dann steckte man sie in wassergefüllte Bottiche und versuchte, den «Knabengeruch» in einem Trichter einzufangen.

Erst viel später wurde klar: Die Körpergerüche des Menschen sind das Werk unserer Bakterien. Chemikern gelang es schließlich, die ersten Duftmoleküle zu entdecken. Die fettigen Absonderungen unserer Talgdrüsen, die sich unter den Schweiß mischen, werden von Bakterien zu Fettsäuren abgebaut. Das Gleiche geschieht, wenn Bakterien das Fett von Butter zersetzen: Die Butter wird ranzig und stinkt bestialisch. Bestimmte Deodorants mindern solche Gerüche, indem sie das Wachstum der Bakterien hemmen.

Umwerfender Mundgeruch

Auch in deinem Mund können unsichtbare Zersetzer für dicke Luft sorgen. «Was Sie riechen, wenn Sie schlechten Atem riechen, das sind für gewöhnlich nichts anderes als die Abfallprodukte bestimmter Bakteriengemeinschaften, die den Mund zu ihrem Zuhause gemacht haben», sagt der Zahnarzt Jon Richter, der in Amerika das Richter-Zentrum für die Behandlung von Funktionsstörungen des Atems betreibt. Zwischen Lippe und Rachen wachsen täglich 100 Milliarden Bakterien heran! Unsere Nahrung und abgestorbene Zellen der Mundschleimhaut sorgen für einen stets reich gedeckten Tisch.

Methanthiol ist das fieseste Molekül, das die Mundbakterien herstellen. Selbst Forscher halten sich die Nase zu. Sie kennen kaum eine Verbindung, die so ekelhaft riecht wie das farblose Gas. Es erzeugt sehr starken Mundgeruch und findet sich übrigens auch in den Darmwinden.

Der Pesthauch lässt sich leicht bekämpfen: durch gründliches und häufiges Zähneputzen (am besten dreimal am Tag). Die meisten Bakterien verstecken sich zwischen den Zähnen und auf dem hinteren Teil der Zunge, der bei den allermeisten Menschen von einem weißen Pelz bedeckt wird. Wer einen schlechten Atem hat, sollte sich die Zähne nach jeder Mahlzeit putzen, natürlich auch nach dem Mittagessen. Zahnärzte raten dringend, die Räume zwischen den Zähnen regelmäßig mit Zahnseide zu reinigen. Wenn sich Bakterien ungehindert im Mund breit machen, führt das zu der gefürchteten *Karies* oder auf Deutsch: Zahnfäule. Warum eigentlich Bakterien die Zähne löchrig machen, erfahrt ihr auf Seite 101.

Trotz der unangenehmen Folgen ist es gut, dass Bakterien die Mundhöhle zu ihrer Heimat erklären. Die Siedler wehren nämlich andere, viel schlimmere Keime und Pilze ab. Davon erzählt das nächste Kapitel.

Nachgefragt

Was ist ein Molekül?

Das Wort *Molekül* stammt aus dem Lateinischen und heißt so viel wie: Klumpen. Damit sind die kleinsten chemischen Verbindungen gemeint, die ähnlich wie Lego-Steine zusammenhalten und aus denen alles auf der Welt besteht: In der Luft schweben Sauerstoffmoleküle, im Boden stecken Schwefelmoleküle. Auch der Körper des Menschen ist – wie alle Tiere – aus Milliarden von Molekülen zusammengesetzt.

Die Geschichte vom guten Keim

Ein ausgewogenes Gleichgewicht zwischen unseren Bakterien und unserem Körper bürgt für den Zustand, den wir Gesundheit nennen. Denn viele unserer Siedler sind nützlich und sogar lebenswichtig. Davon profitieren alle Seiten: Ihr helft den Kleinstlebewesen, indem ihr ihnen ein gemütliches Zuhause gebt – und sie helfen euch.

Bakterien naschen von unserem Essen und unseren Abfällen, doch im Gegenzug nutzen sie uns in vielerlei Hinsicht. Deshalb ziehen sowohl unser Körper als auch die Bakterien einen Vorteil aus der einzigartigen Lebensgemeinschaft «Mensch & Co.». Die Siedler verrichten ihr segensreiches Werk in ganz unterschiedlichen Berufen: als Bodyguards, als Trainer, als Entwicklungshelfer und als Vorkoster.

Bakterien als persönliche Leibwächter

Bakterien von einer winzigen Schuppe unserer Haut bei 4500-facher Vergrößerung unter dem Elektronenmikroskop

Bakterien bilden auf der Haut eine Schutzhülle und wehren – ähnlich wie Bodyguards – krank machende Mikroorganismen ab. Denn die ganze Zeit landen gefährliche Viren und Bakterien auf uns, beispielsweise stammen sie von anderen Menschen. Dass aus diesen unerwünschten Besuchern fast niemals gefährliche Dauergäste werden, dafür sorgen die Bakterien auf unserer Haut und im Innern unseres Körpers. Denn überall, wo fremde Unholde an Bord kommen wollen, sitzt schon ein alteingesessener Keim und sagt: «Tut mir Leid, aber hier ist besetzt!»

Bakterien können ganz schön rabiat werden, wenn sie ihr Zuhause verteidigen. Denkt einmal an eine Stelle des Körpers, die man selbst nicht einsehen kann: den Po. Jeden Tag kommen Millionen von Bakterien aus dem Darm, und viele bleiben neben dem Ausgang hängen, wo sie aber gar nicht hingehören. Nach etwa zwei Stunden sind sie verschwunden – vernichtet von den dort tätigen Hautbakterien. Sie sind wichtige Aasfresser, die uns sauber halten. Wenn man sich diese Hygiene-Polizisten wegschrubben würde, dann könnten schädliche Bazillen nachrücken und Juckreiz und Ekzeme bewirken.

Neue Ankömmlinge im Lebensraum Mensch stellen also immer wieder enttäuscht fest: Erstens haben jene, die hier zu Hause sind, schon alles weggefuttert. Und zweitens sind alle Betten belegt. Von den etwa 500 Bakterienarten, die allein im Darm hausen, hält jede ihre Heimat, die so genannte ökologische Nische, besetzt. Billionen eurer Dauerbewohner schmiegen sich in diesem Augenblick ganz fest an eure Darmzellen und sorgen dafür, dass euch kein böser Keim zu nahe kommt.

Bakterien als Trainer

Ein großer Nutzen unserer Bakterien liegt darin, dass sie die Körperabwehr und das Immunsystem trainieren. Kinder, die wenig Kontakt mit Bazillen und Viren haben, erkranken häufiger an Asthma, Heuschnupfen, Neurodermitis und anderen allergischen Krankheiten. Noch nie war es in Deutschland so sauber wie in den vergange-

Steckbrief

«Bodyguard»

Name:
Staphylococcus epidermis

Beruf:
Personenschützer auf der Haut

Aussehen:
kugelrund

Besondere Kennzeichen:
Ich pflege den Schutzmantel auf der Haut und verscheuche Neuankömmlinge, die hier nicht hingehören.

Steckbrief

«Beschützer der Frauen»

Name:
Lactobacillus acidophilus

Beruf:
Hygienepolizist in der Scheide

Aussehen:
wurmförmig

Besondere Kennzeichen:
Ich vergäre Zucker zu Milchsäure und sorge für leicht saure Zustände in der Scheide. Dadurch kille ich feindliche Bakterien und wehre ungebetene Pilze ab.

nen 30 bis 40 Jahren. Und genau in diesem Zeitraum sind immer mehr Kinder an Allergien erkrankt. Einzelkinder und Erstgeborene, die nicht in den Kindergarten gehen, sind anscheinend ganz besonders anfällig. Mediziner vermuten, dass die Kinder zu wenig im Schmutz spielen und dadurch zu wenig Kontakt mit Bakterien, Viren und sonstigem Getier haben.

Untersuchungen in dem afrikanischen Land Gabun bestätigen diese Vermutung. Kinder, die dort von tropischen Würmern befallen sind, leiden viel seltener an Allergien. Die mögliche Erklärung lautet: Wenn ein Mensch auf die Welt kommt, dann sind seine Abwehrkräfte noch nicht fertig ausgebildet. Sie müssen noch trainieren, schädliche Keime zu erkennen und Abwehrstoffe zu bilden. Ideale Trainingspartner sind jene Bakterien, Viren und auch Würmer, mit denen man normalerweise ständig in Berührung kommt. Ein Säugling und Kleinkind muss zehn bis 15 Rachen- und Darmerkrankungen durchmachen, damit seine Abwehrkräfte und sein Immunsystem richtig heranreifen. Und findet dieses Training nicht statt, beispielsweise durch übertriebene Sauberkeit

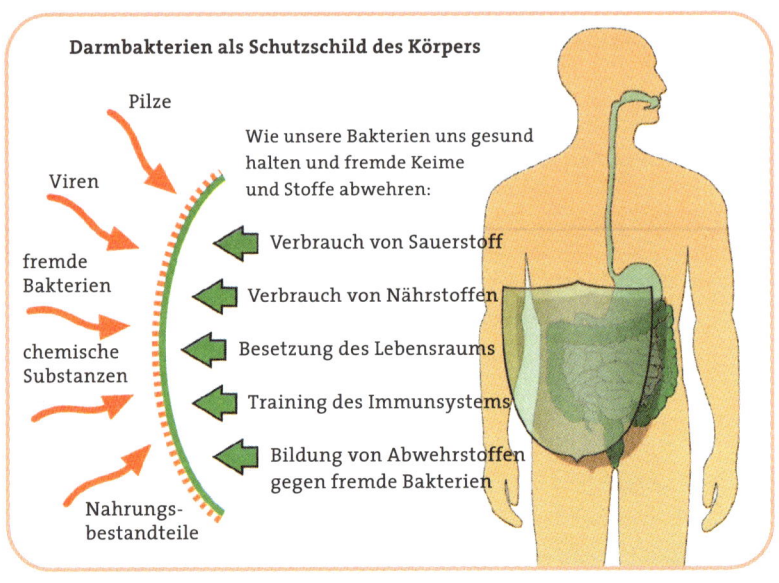

Darmbakterien als Schutzschild des Körpers

Pilze

Viren

Wie unsere Bakterien uns gesund halten und fremde Keime und Stoffe abwehren:

Verbrauch von Sauerstoff

fremde Bakterien

Verbrauch von Nährstoffen

Besetzung des Lebensraums

chemische Substanzen

Training des Immunsystems

Bildung von Abwehrstoffen gegen fremde Bakterien

Nahrungs- bestandteile

und Putzwut, dann können in der Folge allergische Krankheiten entstehen. Es klingt verrückt. Für manche Kinder ist die Welt vielleicht zu sauber geworden.

Bakterien als Medizin

Der englische Professor Stephen Holgate hält Bakterien sogar für so gesund, dass er aus ihnen Medikamente machen möchte. Mit seiner Arbeitsgruppe stellte der Mediziner einen Asthma-Impfstoff aus Bakterien her, die normalerweise in der Erde leben. Dann spritzte er den Impfstoff den asthmakranken Versuchspersonen. Der Mehrheit der Behandelten ging es hinterher spürbar besser. Anscheinend konnten die Erdbakterien die Abwehrkräfte so gut trainieren, dass das Asthma zurückging.

Auch im Darm gibt es, wie wir schon gehört haben, viele fleißige Helfer. Unermüdlich wie die Heinzelmännchen regeln Bakterien für uns Teile der Verdauung und beliefern uns mit lebenswichtigen Vitaminen. Die etwa 500 Arten, die sich im Dickdarm tummeln, arbeiten im Team. Sie verwandeln den Darm in einen gewaltigen Kessel, in dem es zischt, brodelt – und aus dem schon einmal wunderliche Gerüche entweichen.

Wichtige Vitamine und Säuren entstehen hier, und spätestens im Dickdarm sind die bakteriellen Besiedler gefragt. Alles, was unser Körper vom Nahrungsbrei bis hierher nicht verwerten konnte, wird ihnen nun aufgetischt: Stärkemoleküle, unterschiedliche

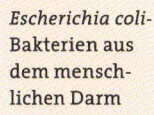

Escherichia coli-Bakterien aus dem menschlichen Darm

Nachgefragt

Kann man ohne Keime leben?

Die so genannten Gnotobiologen untersuchen, wie es ist, wenn man ganz ohne Bakterien aufwachsen muss. Sie züchten Schweine oder etwa Mäuse in keimfreien oder, wie man auch sagt, sterilen Käfigen. Ergebnis: Bestimmte Zellen und Organe der Versuchstiere reifen nicht richtig heran. Der amerikanische Forscher Theodor Rosebury sagt: «Das keimfreie Tier ist im Großen und Ganzen eine elende Kreatur.»

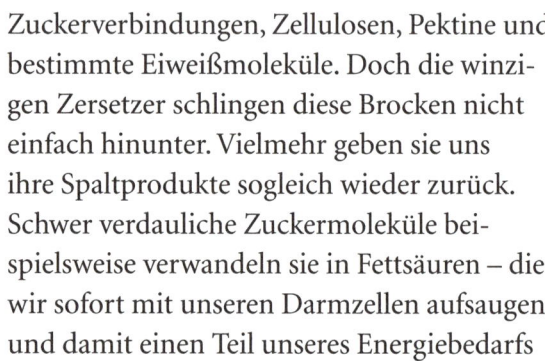

Nachgefragt

Was bedeutet «Montezumas Rache»?

Wenn sich ein Tourist aus Deutschland in ferne Länder wie etwa Mexiko begibt, dann erlebt er oft eine böse Überraschung: den schmerzhaften und geräuschvollen Reisedurchfall. Grund sind bestimmte Bakterien, die sich in Salaten, lauwarmen Gerichten oder etwa rohem Fleisch verbergen. Die einheimische Bevölkerung ist gegen sie resistent, das heißt: nicht anfällig. Aber im Darm des unvorbereiteten Reisenden wirken die Bakterien wie ein Gift, das einen raschen Verlust an Flüssigkeit auslöst. Der Dünnpfiff heißt «Montezumas Rache», benannt nach einem Herrscher der Azteken.

Zuckerverbindungen, Zellulosen, Pektine und bestimmte Eiweißmoleküle. Doch die winzigen Zersetzer schlingen diese Brocken nicht einfach hinunter. Vielmehr geben sie uns ihre Spaltprodukte sogleich wieder zurück. Schwer verdauliche Zuckermoleküle beispielsweise verwandeln sie in Fettsäuren – die wir sofort mit unseren Darmzellen aufsaugen und damit einen Teil unseres Energiebedarfs decken.

In der Zukunft sollen die Darm-Bakterien ihr gutes Werk sogar in Robotern verrichten. Forscher in Amerika und in England haben mit der Entwicklung von *Gastrobots* begonnen. Diese «Roboter mit Magen» beziehen ihren Strom nicht aus einer Batterie oder Steckdose, sondern aus der eigenen Verdauung. Das weltweit erste Exemplar dieser Art ist «Chew-Chew» (nach dem englischen Wort *to chew* für kauen): eine Roboter-Eisenbahn aus drei Plastikwaggons, auf denen sich Röhren und Pumpen türmen. Gebaut hat sie der amerikanische Erfinder Stuart Wilkinson. Wenn er seinen «Chew-Chew» mit Würfelzucker füttert, dann rollt der Roboter ein paar Meter weit. Die Energie liefern Darm-Bakterien. Im «Bauch» des Roboters spalten sie den Zucker. Dabei wird Energie frei, die zum Laden einer Batterie genutzt wird, die dann wiederum den Roboter antreibt.

Bakterien garantieren Wachstum

Die Bakterien im Verdauungstrakt nehmen einen direkten Einfluss darauf, dass sich einige Organe in unserem Körper normal entwickeln. Bei keimfreien Ratten beobachteten Forscher eine krankhafte Vergrößerung des Blinddarms wie bei einer Blinddarmentzündung. In ihm sammelte sich Schleim – den normalerweise Bakterien abbauen. Das bewiesen die Forscher, indem sie die keimfreien Ratten kurzerhand mit bestimmten Bakterien besiedelten. Und siehe da: Nach kurzer Zeit hatten die Bakterien den Schleim abgebaut, und der Blinddarm schrumpfte auf eine normale Größe zusammen. Die Ratte war wieder gesund.

Hier kommt noch ein Beispiel, wie Bakterien die Entwicklung des Körpers steuern: Die Wand des Dünndarms besteht normalerweise aus tiefen Einsenkungen (*Krypten*) und Ausstülpungen (*Zotten*). Diese Täler und Berge vergrößern die Oberfläche des Darms im Unterschied zu einem glatten Rohr auf das 300- bis 1600fache. Durch diesen Trick der Natur steht eine Fläche von mehr als 100 Quadratmetern zur Verfügung (das entspricht der Fläche einer geräumigen Wohnung), um die Nahrung zu verdauen. Doch nur wenn Bakterien da sind, bilden sich die Täler richtig aus. Das haben Experimente an keimfreien Tieren gezeigt.

Ein «leuchtendes» Beispiel, wie Bakterien die Entwicklung ihres Wirts durch geheime Signale steuern, liefert das Bakterium *Vibrio fischeri*, das Licht aussenden kann. Es besiedelt eine Tintenfischart im Pazifik.

Der Tintenfisch kommt unbesiedelt auf die Welt und muss sich die Bakterien aus dem Wasser fischen. Dazu dienen ihm zwei Anhängsel, die übersät sind mit winzigen Ärmchen. Und die wedeln die Bakterien in

---

Steckbrief

«Vorkoster»

Name:
Escherichia coli

Beruf:
Verdauungshelfer im Darm

Aussehen:
wurstig

Besondere Kennzeichen:
Ich zerlege Speisen in kleine Bestandteile, damit sie mein Gastgeber besser verwerten kann.

Steckbrief

«Apotheker»

Name:
Enterococcus faecalis

Beruf:
Lebensmittelchemiker im Darm

Aussehen:
klein, selten allein

Besondere Kennzeichen:
Mit befreundeten Keimen produziere ich lebenswichtige Vitamine und Fettsäuren.

das Leuchtorgan. Bereits vier Tage nach geglückter Besiedlung sind die Wedel-Ärmchen, die nun ja nicht mehr gebraucht werden, abgefallen – offenbar auf Befehl der Bakterien. Und innerhalb weniger Wochen veranlasst *Vibrio fischeri* weitere Umbauarbeiten: Eine Linse und ein Reflektor für das Licht entstehen.

Beide Parteien profitieren in dieser Wohngemeinschaft: Der Tintenfisch überlässt Millionen von Bakterien ein Zimmer – sein Leuchtorgan –, in dem der Tisch stets gedeckt ist. Im Gegenzug leuchten die Bakterien nachts für ihn.

Joghurt aus der vollen Windel

Die tollen Effekte der Bakterien wollen die Erfinder neuer Lebensmittel ausnutzen. Dazu entwickeln sie so genannte «probiotische» Joghurts (nach dem Griechischen *pro bios*: «für das Leben»), die besonders gesund sein sollen. Diese Produkte, die es mittlerweile in jedem Supermarkt gibt, enthalten zum einen die altbewährten Joghurtbakterien. Dem herkömmlichen Joghurt werden dann noch weitere Milchsäure-Bakterien beigemengt. Die Lebensmittelindustrie behauptet, ihre «probiotischen» Keime würden Krankheitserreger aus unserem Darm vertreiben.

Das ist aber fraglich: Denn in unserem Darm leben bereits Milchsäure-Bakterien, die ihren Job viel besser machen als die fremden Industrie-Keime. Die Lebensbedingungen in einem Menschen sind so einzigartig, dass in jedem eine ganz speziell angepasste Gesellschaft von Bakterien entstanden ist. In ihr haben sich die heimischen Milchsäurebakterien bestens eingelebt und lassen sich nicht von der Konkurrenz aus dem Joghurtbecher verdrängen.

Das haben Untersuchungen an Testpersonen bewiesen. Kaum hatten sie die «probiotischen» Keime verschluckt, durcheilten diese ganz schnell den Magen und den Darm und landeten im Klo. Kommen sie da nicht auch her? Die «Probiotika»-Hersteller vermeiden es, die köstliche Herkunft ihrer Keime preiszugeben. Aber ein Hersteller in Japan war ehrlich und hat verraten, woher die «probiotischen» Keime kommen, die wir alle essen sollen: aus den Windeln gesunder Babys!

Bakterien vom Apotheker

Nicht nur im Supermarkt, sondern auch in der Apotheke könnt ihr Darmkeime fremder Menschen kaufen. Rund 25 Milliarden Stück vom Stamme der friedfertigen *Enterokokken* stecken in einer Kapsel mit dem Bestimmungsort: Dickdarm. Und 20 Millionen Milchsäurebakterien enthält die Kautablette für den Dünndarm. Die Bakterien regen sich nicht, weil sie gefriergetrocknet sind. Aber wenn man sie hinunterschluckt, dann erwachen sie zu einem zweiten Leben. Wenn die eigenen natürlichen Bakterien durch Krankheiten oder Medikamente geschädigt wurden, sollen die Präparate helfen, sie zu ersetzen und neu aufzubauen. Tatsächlich helfen diese Mittel gegen Durchfall, aber auch gegen Verstopfung.

Allerdings kann man sich die Bakterien eines anderen Menschen auch direkt verab-

Experimente

Joghurt selbst gemacht

Auch bei der Herstellung von Lebensmitteln wie Käse und Sauerkraut sind Bakterien am Werk. Vor allem Joghurt kann man sich mit den unsichtbaren Helfern ganz leicht zu Hause herstellen: Zunächst besorgst du dir deinen Lieblingsjoghurt. Dann kochst du einen Liter Milch ab. Dadurch werden alle störenden Keime in der Milch abgetötet. Die warme Milch gießt du in ein verschließbares Glas (z. B. ein sauber gespültes Marmeladenglas) und gibst einen Teelöffel von deinem Lieblingsjoghurt hinzu. Nun stellst du das verschlossene Glas in die pralle Sonne oder bei etwa 40 Grad in den Backofen, in ein Wasserbad oder auf die Heizung. Nach sechs bis acht Stunden ist in dem verschlossenen Glas wabbeliger Joghurt entstanden. Das ist keine Zauberei, sondern das Verdienst der Bakterien. Aus dem Lieblingsjoghurt hast du sie in die warme Milch gegeben; in der haben sie sich fleißig vermehrt und dabei Zucker in bekömmliche und leckere Milchsäure umgewandelt. Von dem selbst gemachten Joghurt kannst du natürlich wieder einen Teelöffel abnehmen und in abgekochte Milch geben – theoretisch kann man sich so unendlich lange Joghurt selbst herstellen.

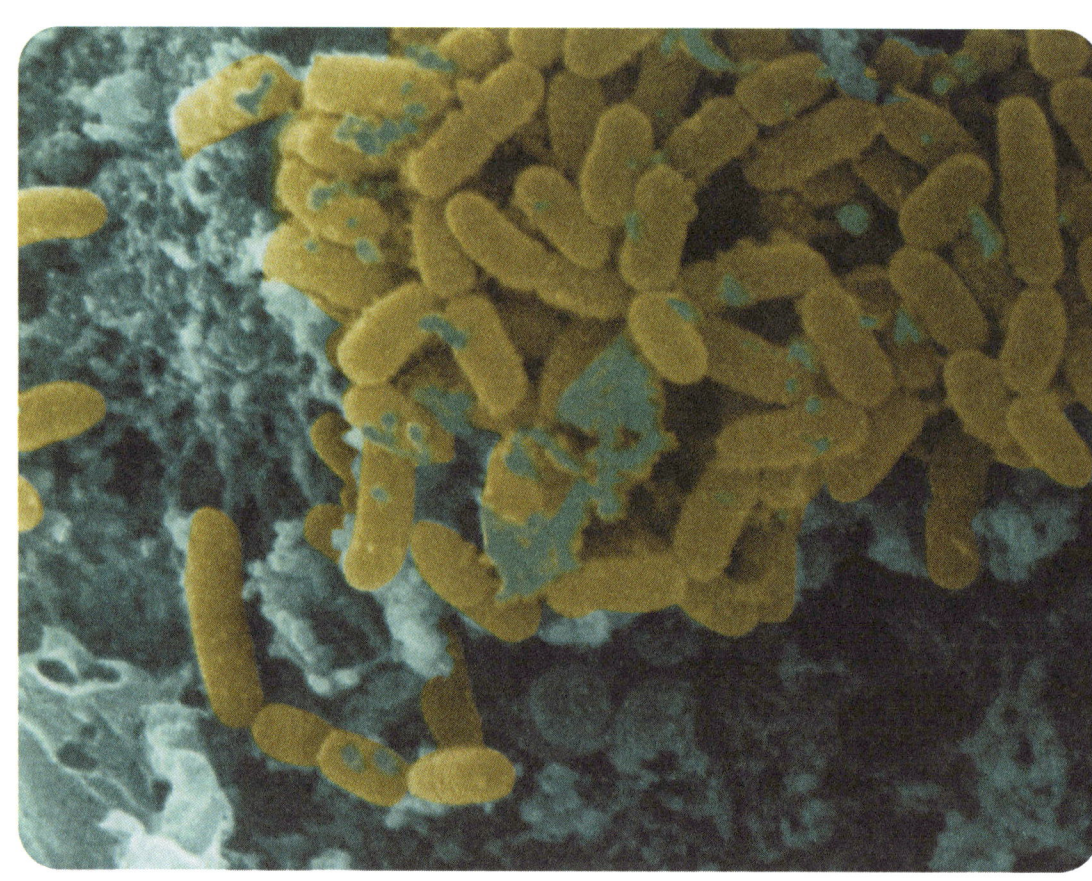

reichen lassen. Vor einigen Jahren flößten Ärzte einem darmkranken Patienten die Darmbakterien eines gesunden Spenders mit einem Trichter ein (durch den Po!). Der Erfolg der erstaunlichen Keim-Übertragung war durchaus zufrieden stellend: Der Empfänger blieb über Monate gesund. Allerdings ist die Übertragungsmethode von Darm zu Darm nicht sehr appetitlich.

Der Zoo auf deinem Körper

Ausgerechnet von jenen Tieren, die euch im wahrsten Sinne des Wortes auf der Nase herumtanzen, ahnt ihr überhaupt nichts. In den Poren von Stirn, Nase und Augenbrauen leben winzige Milben! Nehmt eine sehr starke Lupe mit vor den Spiegel. Die Wesen, auf die ihr achten solltet, sind durchsichtig und gerade so klein, dass ihr sie mit bloßem Auge nicht mehr erkennt. In der Vergrößerung sehen die Bewohner des Gesichts aus wie klitzekleine Krokodile mit acht Stummelbeinen. Ein gewisser Sir Richard Owen, der auch den Dinosauriern ihren Namen gab, erblickte vor mittlerweile 160 Jahren ziemlich verblüfft diese Kreaturen. Er

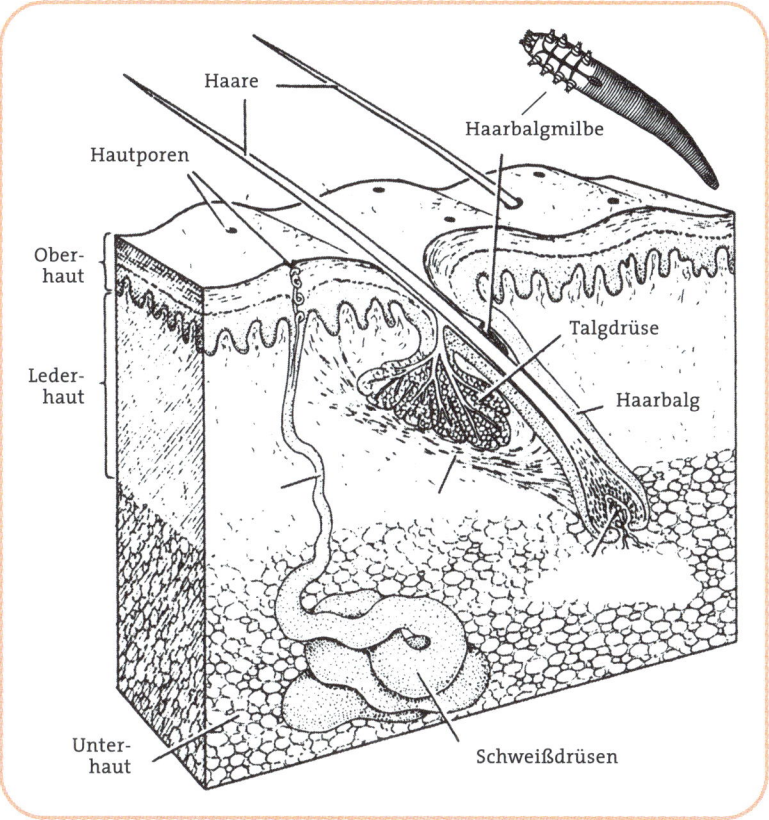

Eine Haarbalgmilbe in ihrem Zuhause

nannte die merkwürdigen Winzlinge *Demodex*, was so viel bedeutet wie «von der Gestalt eines Wurms».

Es gibt zwei Arten, die fast auf jedem Menschen leben, vor allem auf Erwachsenen (falls ihr also in eurem Gesicht nicht fündig werdet, solltet ihr einmal eure Eltern oder Großeltern unter die Lupe nehmen …). In den Haarwurzeln etwa der Wimpern versteckt sich die «Haarbalgmilbe». Sie misst 0,3 bis 0,4 Millimeter und ist damit ein Viertel so groß wie der Punkt am Ende dieses Satzes. Außerdem gibt es noch die etwas kleinere «Talgdrüsenmilbe». Beide Arten werden durch Körperkontakt übertragen und sind uns ausgesprochen treu. Weil die Tiere so klein sind, spürt man nicht einmal ein Kribbeln.

Generationen von ihnen bleiben für immer auf uns – und bekommen jede Menge Nachwuchs. Je älter man ist, desto mehr Gesichtsmilben trägt man mit sich herum, ein Erwachsener hat etwa 1000 Exemplare.

Ihre Heimat, das Gesicht, zählt eigentlich zu den weniger gastlichen Regionen des menschlichen Körpers. Kein Wunder: Winde pfeifen um die Nase, Sonne wechselt mit Regen ab. Haare, in denen man sich verkriechen könnte, sind nur spärlich vorhanden. Die ganze Region wird jeden Tag mit Seife geputzt (oder etwa nicht?). Und der Mensch schneidet ja laufend Grimassen – das lässt die Heimat der Milben schwanken wie bei einem Erdbeben. Den Minikrokodilen ist das alles viel zu gefährlich: Den größten Teil ihres Lebens, das nur zwei Wochen dauert, verbringen sie lieber im Schutz der Poren (siehe auch die Abb. auf S. 41).

Mit ihrem lang gestreckten schlanken Körper passen sie perfekt in die Poren der Haut. In ihren Höhlen sind sie übrigens nicht alleine; Bakterien leisten ihnen Gesellschaft.

Bis zu 25 Haarbalgmilben leben an der Wurzel einer Wimper, was eigentlich aber schon zu eng ist. Ganz anders die Talgdrüsenmilbe: Generell wohnt nur eine von ihnen in einer Pore.

Zur Paarung verlassen die Milben ihre Höhlen und treffen sich auf der Haut. Danach verschwinden die befruchteten Weibchen wieder in den Poren, wo sie Eier ablegen, aus denen bald Larven schlüpfen. Die häuten sich zweimal – fertig ist die Mini-Milbe!

«Ich krieg die Krätze»

Schätzungsweise 300 Millionen Menschen auf der Welt können nachts kaum schlafen, weil ihre Haut unerträglich juckt: Sie haben die Krätze. Schuld ist die nimmersatte Krätzmilbe. So wie sich ein Maulwurf durch den Rasen gräbt, so frisst sich dieses Wesen durch die Haut des Menschen und lebt in einem etwa ein Zentimeter langen Gang, der nur ein Loch hat, um hinein- oder herauszukriechen. Allerdings knabbert die Milbe nur an der obersten Hautschicht, die aus toten Zellen besteht, und geht glücklicherweise niemals an gesundes Gewebe.

Die Zeichnung stellt ein Krätzmilben-Weibchen dar

Bei einer Größe von 0,2 bis 0,5 Millimetern ist die Milbe kaum mehr mit bloßem Auge zu sehen. Trotzdem merkt man ganz schnell, wenn man sie hat. Dann juckt es nämlich höllisch: zwischen den Fingern, an Hand- und Fußgelenken und auch im Schambereich.

Die Milben-Männchen verbringen ihr Leben auf der Haut. Nur die Weibchen bohren sich durch diese hindurch: Kleine Haftscheiben, Haken und Borsten helfen ihnen dabei. In den Gängen legen sie Eier und lassen leider auch ihren Kot hinter sich, was vermutlich den Juckreiz auslöst. Aus den Eiern in den Gängen schlüpfen nach wenigen Tagen Junge. Die Kleinen kriechen bald an die Oberfläche, wo sie eine köstliche Babymahlzeit finden: tote Zellen, Fette und Sekrete. Guten Appetit!

Machen Milben Hunde räudig?

Auch Tiere haben Milben. Bei ihnen nennt sich die Krankheit nicht Krätze, sondern Räude. Wenn ein Mensch seinem räudigen Haustier nahe kommt, kann er sich anstecken. Die Räudemilben von Hund und Katze können nämlich eine Zeit lang auf uns leben, allerdings legen sie keine Eier in unsere Haut.

Pilzfresser im Bett

Wenn ihr morgens aus dem Bett klettert, dann habt ihr abgenommen. Etwa ein Liter Flüssigkeit (so viel ist es zumindest bei einem Erwachsenen) ist durch eure Hautporen und Körperhöhlen verdunstet. Ebenso habt ihr feste Bestandteile eures Körpers über Nacht verloren: Ein halbes Gramm Hautschuppen liegt in den Kissen. Das hört sich nach ganz wenig an. Aber auf diesen Schuppen, die sich Nacht für Nacht ansammeln und die verstreut im Bett liegen, wachsen sodann unsichtbare kleine Pilze. Und diese Pilze wiederum sind die Leibspeise der Hausstaubmilbe.

Ihr verbringt also jede Nacht mit der Hausstaubmilbe – euer Bett ist ihre Heimat. Matratzen, Wolldecken, Laken oder Kissen sind allesamt dicht besiedelt. Die Mitschläfer sind so klein, dass

Drei Hausstaubmilben auf Nahrungssuche durch das Rasterelektronenmikroskop (REM)

Tausende von ihnen auf ein Pfennigstück passen. Die menschlichen Ausdünstungen sorgen im Bett für ein feuchtes Mikroklima, in dem die Hausstaubmilbe sich pudelwohl fühlt.

Schätzungsweise zwanzig Prozent aller Menschen haben ein Problem mit den Hausstaubmilben. Auf ihrer Haut bilden sich rote Quaddeln, sie müssen niesen, husten und die Augen fangen an zu tränen. Diese Menschen reagieren allergisch, wenn sie den

Wenn du so klein wärst wie eine Hausstaubmilbe, dann käme dir der Hausstaub wie ein Steinhagel vor

Sauber werden, ohne sich zu waschen

Wenn ihr euch einen Kreis auf den Arm malt und euch an dieser Stelle eine Zeit lang nicht wascht, dann verschwindet der aufgemalte Kreis dennoch nach einigen Tagen. Der Grund: Eure Haut erneuert sich die ganze Zeit. Während in der unteren Hautschicht ständig neue Zellen nachwachsen, sterben die Zellen auf der Oberfläche ab. Wenn ihr euch die Hände reibt, dann rieseln ziemlich viele der toten Zellen auf den Boden. Die Haut ist aber nicht das einzige Organ des Körpers, in dem ständig Zellen sterben und durch neue ersetzt werden: Eine Zelle im Dünndarm lebt weniger als zwei Tage, eine Leberzelle wird höchstens 20 Tage alt. Auch Hautzellen werden ungefähr 20 Tage alt. Jeden Tag verliert ein Menschenkörper 50 Millionen Hautschuppen. Für viele Pilze, Milben und Bakterien sind diese Flocken lecker und ein gefundenes Fressen.

Kot der Milbe einatmen, der überall in der Wohnung herumwirbelt. Der normale Hausstaub besteht zu einem Großteil aus Milbenkot. Daher der Name: Hausstaubmilbe.

Gegen Hausstaubmilben hilft nur eines: putzen, putzen, putzen! Vor allem im Schlafzimmer sollte man regelmäßig und gründlich staubsaugen und die Bettbezüge häufig waschen. Zudem kann man die Matratze ins Freie legen. Milben gehen durch Sonnenstrahlen ebenso kaputt wie durch Minustemperaturen. Deshalb ist es auch gut, den Teddybären ab und zu einmal in den Gefrierschrank zu legen. Durch den Frost werden die Hausstaubmilben in seinem Fell gekillt.

Urtierchen auf dem Menschen

Urtierchen sind Einzeller, die man nur unter dem Mikroskop erkennen kann. Sie sind aber höher entwickelt und komplizierter gebaut als Bakterien. Sie bilden eine eigene Tiergruppe, die man in der biologischen Fachsprache *Protozoen* nennt. Urtierchen reagieren auf Außenreize, können sich bewegen und fortpflanzen. Eine verblüffend große Zahl lebt im Menschen. Zu denen, die dauerhaft und friedlich auf uns leben, zählen erstaunlich viele so genannte Geißeltierchen. Mit fünf bis 25 Mikrometern sind sie ähnlich groß wie die Amöben. Erblickt man solch einen Einzeller unter dem Mikroskop, sieht man seine Geißeln. Sie sehen aus wie winzige Schlangen und funktionieren wie eine Art Außenbordmotor, mit denen die Geißeltierchen durch die Gegend düsen und Bakterien hinter-

herjagen.

Der Darmbewohner *Giardia lamblia* gehört zu den ersten Mikroorganismen mit Geißel, die man entdeckt hatte. Mit seinen selbst geschliffenen Lupen hatte ihn Anthony van Leeuwenhoek schon 1681 im eigenen Kot erspäht.

In der Mundhöhle schiebt sich ein anderer Einzeller, eine Amöbe (wissenschaftlich: *Entamoeba gingivalis*), mit ihren schleimigen Scheinfüßchen durch die Gegend. Auf diese Weise erreicht sie eine Spitzengeschwindigkeit von 2,5 Zentimetern in der Stunde und wechselt dabei permanent ihre Gestalt. Deshalb nennt man die Amöbe auch «Wechseltierchen». Mit zwanzig Mikrome-

Hausstaubmilbe aus der Nähe betrachtet: Durch das Rasterelektronenmikroskop sieht man von vorne den Kopf mit den Mundwerkzeugen und den Beinen. Ganz schön schaurig!

Woraus besteht eigentlich Staub?

Ungefähr 90 Prozent des Hausstaubs besteht aus toten Hautschuppen des Menschen. Die weiteren Inhaltsstoffe sind: Mikroskopisch kleine Beine, Köpfe und Panzer von Insekten, winzige Partikel aus Stein und Asphalt, die durchs offene Fenster ins Zimmer schweben; Sand aus den Wüsten Afrikas; Salz aus fernen Meeren; winzig kleine Holz- und Stoffstückchen und Fasern, die von Sofas, Stühlen, Betten und anderen Möbelstücken abfallen.

tern Größe ist sie etwa 20-mal größer als ein durchschnittliches Bakterium. Auf der Jagd umfließt sie mit ihrem Körper Beute, die sie dann verdaut. Dem Menschen schadet die Mundamöbe nicht. Bei einem Kuss schwimmt das Tierchen in der Spucke in ein neues Zuhause. Im dunklen Darm leben mindestens fünf weitere harmlose Amöbenarten.

Amöben unter der Kontaktlinse

Manche Amöbenarten können einem sehr gefährlich werden. Durch Baden in verseuchtem Wasser kann man sich zum Beispiel mit dem Unhold namens *Naegleria fowleri* infizieren. Das winzige Monster kriecht bis ins Gehirn, was nach drei bis sieben Tagen zum Tod führt. Die Amöbe liebt Wärme und lebt normalerweise nur in den Tropen und Subtropen. Allerdings könnte sie auch in künstlich erwärmten Gewässern überleben.

In Frei- und Hallenbädern verhindert glücklicherweise die Zugabe von Chlor die Vermehrung dieser Amöbe.

Auch die sieben so genannten *Acanthamoeba*-Arten sind üble Krankheitserreger. Sie dümpeln weltweit in Gewässern und Schwimmbädern und stecken manchmal in feuchter Erde. Die Amöben leben vorübergehend in der Nasenschleimhaut der Menschen, wo sie jedoch meistens keinen Schaden anrichten. Aber Menschen, die Kontaktlinsen tragen, sollten vorsichtig sein. Denn die Amöben siedeln in dem Zwischenraum zwischen der Kontaktlinse und dem Auge und können die Hornhaut entzünden. Deshalb sollte man lieber nicht mit Kontaktlinsen schwimmen gehen und darauf achten, sie immer sehr gut zu reinigen.

Eine Bestie, die uns auf Trab bringt

Ganz schlimmen Durchfall löst eine Amöbe mit dem
Namen *Entamoeba histolytica* aus. Diese in südlichen Ländern verbreitete Bestie verursacht
starke Bauchschmerzen sowie blutigen
Durchfall und kann einen sogar töten.
Die Amöbe setzt furchteinflößende Waffen ein: Sie bindet sich mit einem winzigen Wurfanker an bestimmte Zellen
im Darm. Als Nächstes schießt sie Löcher in die Oberfläche der Zellen, in die
dann so lange Wasser einströmt, bis sie
zerplatzen. Die Folge ist: Der Dünnpfiff
spült auch die Amöbe nach draußen, die sich
nun ein neues Opfer suchen kann.

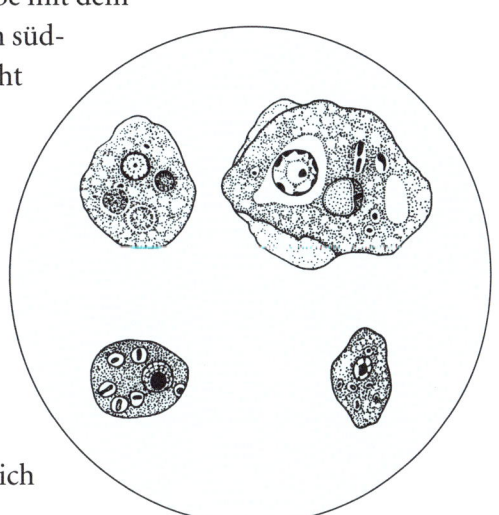

Diese Amöben-
arten leben
alle auf dem
Menschen

Pilze wachsen überall

Jedes Jahr werden 1000 neue Pilzarten entdeckt.
Damit sind nicht die Pilzarten gemeint, die
wir im Herbst im Wald finden – Steinpilze
zum Beispiel –, sondern ihre mikroskopisch kleinen Verwandten. Insgesamt
lebt vermutlich eine halbe Million von
ihnen auf der Erde. Wen wundert es da,
dass sich einige Pilze den menschlichen
Körper als Heimat ausgesucht haben?
Allerdings weiß keiner, wie viele und welche Pilzarten es auf dem Menschen gibt,
weil noch längst nicht alle entdeckt sind.
Außerdem ist es gar nicht so leicht zu unterscheiden, ob ein bestimmter Pilz treuer Mitbewohner ist
oder ob er nur einen kurzen Besuch abstattet. Pilze wachsen so

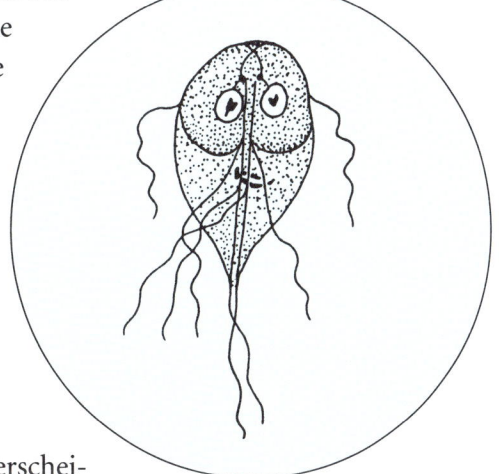

Das Urtierchen
Giardia lamblia
lebt im Darm

gut wie überall. Ihr bekommt jeden Tag neue und verteilt eure eigenen. Wenn ihr eine Hand schüttelt, einen Geldschein berührt oder etwa Erde anfasst.

Pilze lauern also nicht nur im öffentlichen Schwimmbad. Allerdings fühlen sie sich in diesem feuchtwarmen Klima besonders wohl. Und ausgerechnet jene Becken, die man in manchen Schwimmbädern durchwaten muss, sind ein Schlaraffenland für Hautpilze (*Dermatophyten*) wie *Trochophyton*- und *Microsporum*-Arten. Denn in den Becken sammeln sich die Hautschuppen verpilzter Badegäste. Und davon gibt es jede Menge: Jeder dritte Mensch hat Fußpilz! Zwischen den Zehen wachsen die Pilze nämlich besonders gut, weil es hier feuchter ist als andernorts. Wer also seinen juckenden Pilz loswerden will, der sollte seine Füße trocken halten.

Ein Pilz, der die Haare färbt

Der Pilz *Trichosporon beigelii* (er hat leider keinen einfacheren Namen) lebt auf dem Boden und auf dem Menschen, genauer: auf seinem Haar. Aus Sicht des Pilzes erscheint ein einzelnes Haar riesig groß. Wenn das Haar beschädigt ist und ein Loch hat, kriecht der Pilz hinein. Daraufhin bildet das Haar an der Stelle ein hartes schwarzes Körnchen, was zu gefärbten Haaren führt: Haarknötchenkrankheit nennen Ärzte diese Pilzerkrankung.

Der Pilz *Pityrosporum ovale* wächst ebenfalls auf dem Kopf. Manchmal verursacht das Kopfschuppen. Oftmals juckt die Kopfhaut und ist gerötet. Wenn einer in eurer Familie also Kopfschuppen hat, dann sollte er einmal ein Shampoo gegen Pilze aus der Apotheke ausprobieren.

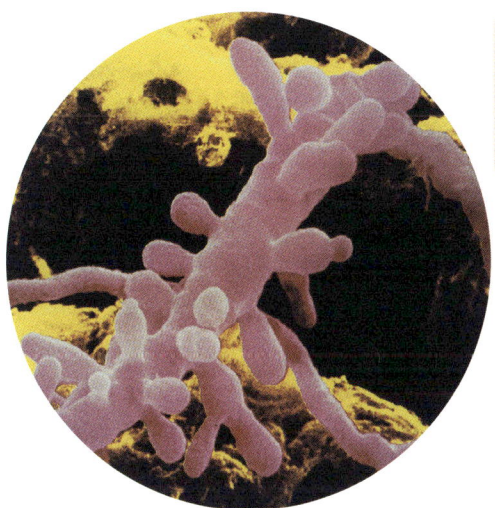

Elektronenmikroskopische Aufnahme von *Tinea vubrum*, einem Hautpilz, bei 3500facher Vergrößerung

Noch ein Hautpilz des Menschen: *Microsporum canis* bei 2000facher Vergrößerung

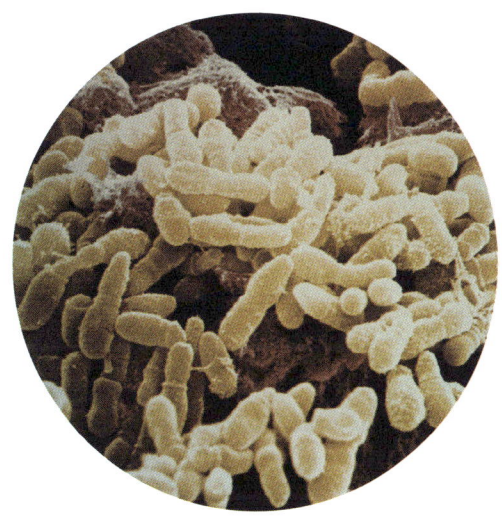

Der Pilz *Pityrosporum ovale* wohnt auf der Kopfhaut und verursacht manchmal Schuppen. Elektronenmikroskopische Aufnahme bei 1400facher Vergrößerung

Die halbe Menschheit hat Würmer

Stellt euch vor: Es gibt tatsächlich gierige Würmer, die jahrelang im Menschen leben können. Sie werden bis zu zwanzig Meter lang! Die Zeitschrift «Der Allgemeinarzt» hat einen Bericht veröffentlicht, der zeigt, wie häufig diese unappetitlichen Kreaturen sind: 70 Millionen Menschen haben einen Rinder-bandwurm, 75 Millionen einen Zwergband-wurm. Auch andere Bandwurmarten leben in Millionen von Menschen. Die Biester liegen in den Verdauungssäften des Darms und nehmen die Nahrung direkt durch die Oberfläche ihres Körpers auf.

Der kleine weiße Madenwurm (*Entero-bius vermicularis*) befällt meistens Kinder. Die Übertragung der Wurmeier von Mensch zu Mensch erfolgt ganz leicht: durch Hände-schütteln, aber auch durch mit Wurmeiern verseuchte Kleidung und Bettzeug. Die Eier gelangen durch den Mund in den Bauch und von dort in den Darm. Oft sind ganze Kindergärten und Schulklassen betroffen. Die Würmer leben im Dickdarm. Die Weibchen kriechen zum Darmausgang, um dort

Ein Rinderfin-
nenbandwurm
in voller Länge

ihre Eier abzulegen. Die umherkriechenden Würmchen, die man mit bloßem Auge erkennen kann, verursachen dabei einen starken Juckreiz am After. Wenn sich das Kind dann am Po kratzt, kleben die Eier an den Fingern. Und von dort gelangen sie dann aufs Neue in den Mund. Damit geht der Kreislauf wieder von vorne los. Zum Glück ist der Madenwurm harmlos und kann leicht mit Anti-Wurmmitteln bekämpft werden. Dennoch sind 1,2 Milliarden Erdenbürger, meist Kinder, befallen.

Nicht nur in fernen Ländern des Südens sind die Würmer auf dem Vormarsch, auch mitten in Europa sind sie gar nicht so selten. Die Tabelle zeigt euch, was Hausärzte in Deutschland für «Gewürm» entdecken. Mehr als die Hälfte der Menschheit ist besiedelt, meist mit Spul-, Peitschen-, Haken- und Zwergfadenwürmern. Es sind üble Zeitgenossen, die uns die Nahrung rauben. Bei massenhaftem Befall können sie einen Menschen sogar töten.

Wurmbefall bei Patienten in deutschen Städten

Vorkommen	Fadenwürmer	Plattwürmer
Häufig	Spulwurm Madenwurm Peitschenwurm	Zwergbandwurm
Bisweilen	Hakenwurm Zwergfadenwurm	Rinderbandwurm
Selten		Schweinebandwurm Fischbandwurm Gurkenkernbandwurm Saugwürmer

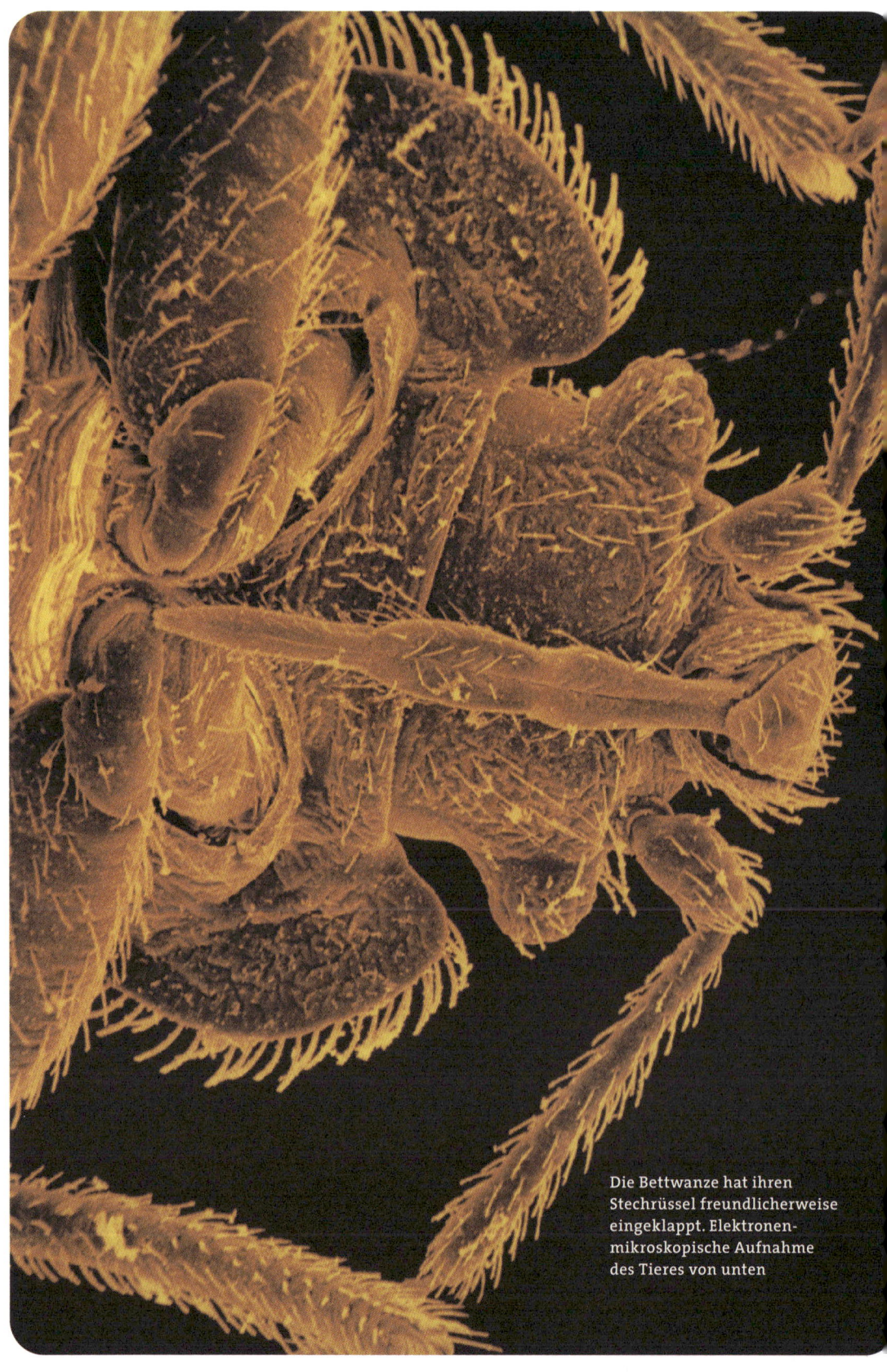

Die Bettwanze hat ihren
Stechrüssel freundlicherweise
eingeklappt. Elektronen-
mikroskopische Aufnahme
des Tieres von unten

Teil 2 Blutsauger und Aasfresser

Kleine und große Vampire

Blut ist euer Lebenssaft. Die rote Flüssigkeit transportiert nicht nur Sauerstoff in alle Winkel des Körpers, sondern versorgt auch die Organe und Gewebe mit wichtigen Nährstoffen. Deshalb ist Blut sehr nahrhaft. Unglücklicherweise hat sich das im Tierreich herumgesprochen. Viele Tiere trinken nur zu gern frisches, warmes Menschenblut. Allerdings geben wir unseren Lebenssaft nicht freiwillig her. Die Flöhe, Bettwanzen, Zecken, Mücken und Läuse, von denen dieses Kapitel erzählt (und aus denen ihr euch mit dem Bastel-Gimmick ein «Blutsauger»-Mobile bauen könnt), sind deshalb sehr vorsichtig, wenn sie sich uns nähern. Kein Wunder: Stellt euch vor, ihr würdet euch mit einer Spritze einem Elefanten nähern …

Vom Aussterben bedroht: der Menschenfloh

Wer vom echten Menschenfloh (*Pulex irritans*) gebissen wird, der kann im Grunde genommen stolz sein. Denn der Floh kommt in Deutschland mittlerweile so selten vor, dass er auf die Liste der bedrohten Tierarten gehört – genauso wie beispielsweise der Luchs oder der Kranich. Sein liebstes Versteck ist eine Matratze aus Stroh, die heute fast kein Mensch mehr benutzt. Und wenn ein Floh seine Eier auf den Teppich legt, dann werden sie –

Ein gezeichneter Menschenfloh

schwuppdiwupp! – vom Staubsauger verschluckt. Deshalb ist es ein ganz seltenes «Vergnügen», vom Menschenfloh gebissen zu werden.

Zugegeben: Ob es ein Vergnügen ist, darüber kann man streiten. Der Stechapparat des Flohs besteht nämlich aus zwei spitzen Rohren, die er seinem Opfer in die Haut rammt. Durch das große Rohr säuft er das Blut wie mit einem Strohhalm. Zur gleichen Zeit pumpt er durch das kleine Rohr Flohspucke in die Wunde: Dadurch bildet sich an der Wunde keine Kruste, das Blut bleibt schön flüssig, fließt gut durch den Strohhalm des Flohs, und der Mensch bemerkt den Biss nicht. Die Spucke ruft kleine Pusteln und ein Jucken hervor. Das merkt man allerdings erst, wenn der Floh schon über alle Berge ist.

Merkwürdigerweise ist der Floh unter den Parasiten ein Liebling der Menschen. Das hat ein gewisser Adolph Freiherr von Knigge schon vor mehr als 200 Jahren erkannt: «Indessen scheinen manche Tiere in besserem Ruf zu stehn als andre. Niemand schämt sich zu bekennen, dass er Flöhe habe; Läuse hingegen darf kein Mensch von Erziehung mit sich führen.» In Venedig legte man den beliebten Flöhen früher hauchdünne Bänder aus Silber um den Hals und verkaufte sie. Heute taucht der Floh in vielen Redensarten auf. Man bekommt zum Beispiel einen «Floh ins Ohr gesetzt», geht auf den «Flohmarkt» und hört den «Flohwalzer».

Die Kunst der Flohdressur

«Hier werden Flöhe gekauft», stand früher auf den Tafeln der Flohzirkusdirektoren. Heute üben nur noch ganz wenige Menschen diesen Beruf aus: Hans Mathes aus Nürnberg ist der letzte

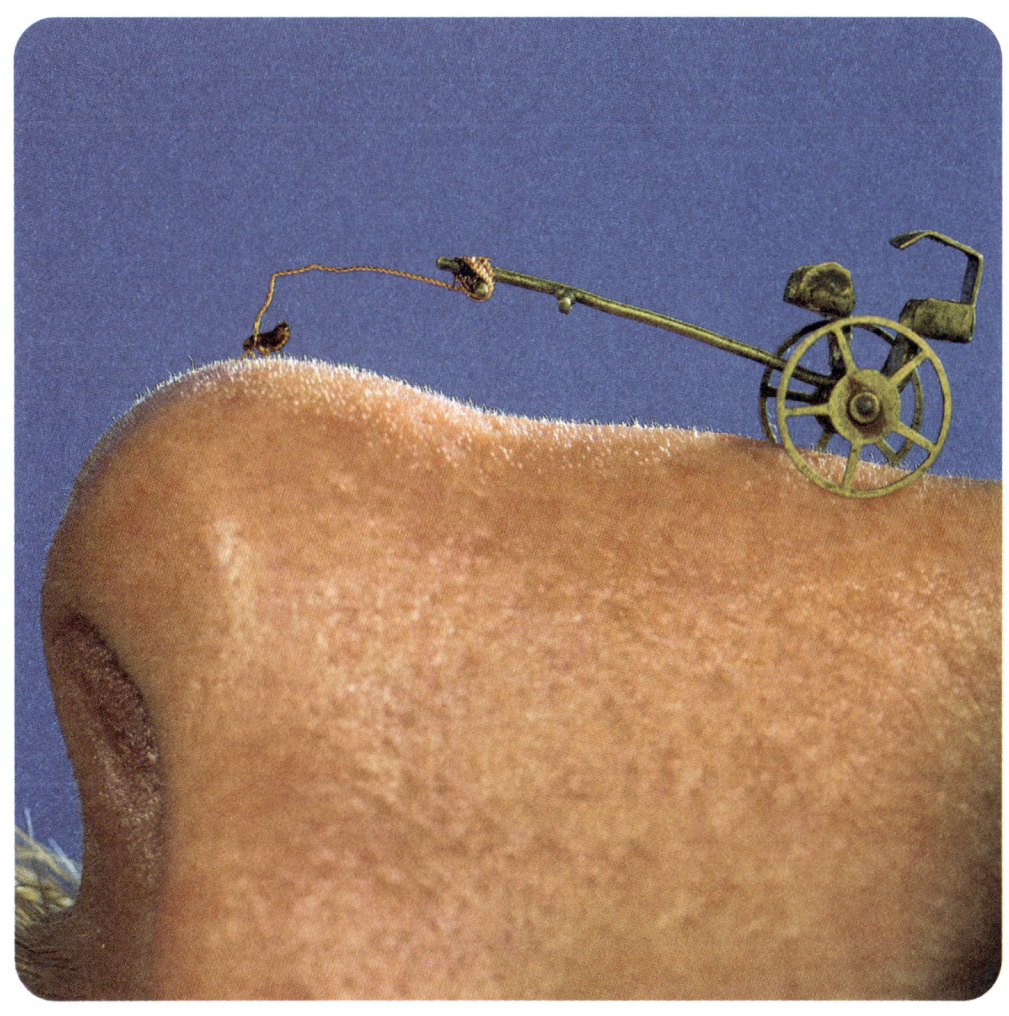

Flohzirkusdirektor in Europa, «vielleicht auf der ganzen Welt», sagt er. Jeden Herbst zieht der 1946 geborene Direktor mit 180 kleinen Hüpfern im Gepäck auf das Münchner Oktoberfest und lässt dort die Flöhe tanzen.

Seine Flöhe ziehen einen handgefertigten goldenen Wagen und drehen in Kleidchen Pirouetten. «Fridolin» jongliert, «Beckenbauer» schießt, und «August der Starke» setzt das Karussell in Bewegung. Hans Mathes führt die Zuschauer allerdings nicht

Kann man Insekten essen?

Es ist nicht immer so, dass Flöhe, Läuse und andere Insekten an Menschen herumknabbern. Viel häufiger ist es umgekehrt: Menschen essen Insekten! Käfer, Bienen, Motten, Ameisen, Termiten und Heuschrecken sind in der Tat sehr nahrhaft. Allein in Mexiko sind 308 Insektenarten fester Bestandteil der täglichen Ernährung. Afrikaner nehmen durch Insektengerichte beinahe zwei Drittel ihres tierischen Proteins zu sich: roh, frittiert, geröstet, gekocht, eingelegt, zu Brei gemanscht oder in der Sonne getrocknet. Die Ureinwohner Australiens sind ganz wild auf die fingerlangen Raupen des Holzbohrers. Bewohner im Regenwald Papua-Neuguineas wiederum lieben gegrillte Stinkwanzen. Auffallend bunte oder grell gefärbte Insekten sollte man lieber nicht essen, weil sie wahrscheinlich giftig sind. Behaarte Insekten sind ebenfalls häufig giftig oder unverträglich. Ganz generell sollte gelten: Insekten vor dem Verzehr immer kochen!

persönlich durch das Programm. Das überlässt er seiner Frau. Der Herr Flohzirkusdirektor sitzt lieber hinten im Kirmeswagen. «Ich muss ja meine Raubtierchen füttern», lächelt er und hat dabei etwa 70 Flöhe auf dem Arm sitzen.

Wie dressiert man eigentlich einen Floh? Das ist Hans Mathes' Berufsgeheimnis, und er gibt darüber normalerweise keine Auskunft. Aber für euch macht der Flohzirkusdirektor eine Ausnahme. Also: Zuerst beobachtet er das natürliche Verhalten der noch wilden Flöhe.

Manche sind mehr Springer, manche mehr Läufer. «Entsprechend muss man die Tiere sortieren.» Dann schiebt er den Insekten jeweils einen haarfeinen Kupferdraht wie ein Lasso über den Kopf und die Vorderbeine. Zum Schluss kneift er die winzige Drahtschlinge fest. «Gerade so viel, dass der Floh nicht aus dem Geschirr rutscht», erklärt der Dompteur, «und doch so wenig, dass er nicht stirbt.» Die Springer kicken den Fußball, der übrigens superleicht ist und aus Styropor besteht. Der Zirkusdirektor hält die Fußballspieler-Flöhe mit dem Kupferdraht ins Licht und gibt ihnen den Ball. Da Flöhe kein Licht mögen, halten sie den Ball für den Boden. Also springen sie los – und schießen dadurch den Ball ins Tor.

Die «Laufflöhe» dagegen ziehen den goldenen Wagen und drehen das Karussell. Hans Mathes hat eine ganze Reihe unterschiedlich großer Dosen. Da hinein steckt er die Flöhe, um ihnen das Springen abzugewöhnen. Der Dompteur erläutert: «Zuerst kommen sie in die hohen Dosen, damit sie merken, dass sie nicht unbegrenzt hoch springen können. Und dann kommen die Flöhe in immer niedrigere Gefäße, damit sie das Springen ganz aufgeben.»

Menschenflöhe leben in Gefangenschaft nur sechs Monate (in freier Wildbahn etwa 18 Monate) und lassen sich nicht züchten. Also muss Hans Mathes jedes Jahr vor dem Oktoberfest auf ein Neues knapp 200 «Artisten» und «Akrobaten» suchen – und das wird jedes Jahr schwieriger, weil der Floh immer seltener wird. Deshalb verbringt Mathes die Sommerferien in südlichen Ländern, weil die Flöhe dort noch recht häufig sind. Zudem lässt er sich Flöhe von Freunden in Gläsern mitbringen: sozusagen als Urlaubssouvenirs. Über die genaue Herkunft seiner Flöhe sagt der Zirkusdirektor nichts. Zu groß war der Ärger mit den Touristikverbänden, als sein Vater, der auch Flöhe dressierte, früher einmal verriet, er bekomme seine Akteure aus Griechenland und der Türkei.

Nachgefragt

Trinken Hunde- und Katzenflöhe eigentlich auch Menschenblut?

Ja! Hunde- und Katzenflöhe naschen gerne Menschenblut. Sie sind auch viel häufiger als der echte Menschenfloh. Sie bauen ihre Nester in Katzendecken und Hundekörbchen. Und da wird nur selten sauber gemacht. Ganz anders ist es beim echten Menschenfloh. Er legt seine Eier am liebsten in die Betten der Menschen oder auf den Boden, wo der Staubsauger sie sogleich verschluckt.

Wie der Floh auf den Mensch kam

Der Urahn aller Flöhe lebte vermutlich vor 60 Millionen Jahren und soff das Blut von Säbelzahntigern und anderen wilden Tieren. Die Vorfahren des Menschenflohs lebten auf Dachsen und Schweinen. Erst als die Menschen sesshaft wurden und anfingen, Hütten zu bauen, kam der Floh zu ihnen. Wir haben ihn dann über die ganze Erde verbreitet und zum Weltbürger gemacht. Flöhe waren früher eine Plage: Frauen trugen deshalb spezielle Flohfallen in der Unterwäsche. Schoßhunde hielt man sich, damit sich die Flöhe in ihrem Fell aufhielten. Indianer steckten ihre Zelte und Hütten in Brand, wenn die Flöhe zu aufdringlich wurden. Und in Indien ließen Adelige ihre Betten mit Flaschenzügen unter die Zimmerdecke emporhieven, um außerhalb der Reichweite der sprunggewaltigen Quälgeister schlafen zu können.

Flöhe sind wahre Meister im Springen. Ein drei Millimeter großer Menschenfloh springt mindestens 200 Millimeter hoch und 350 Millimeter weit. Eine vergleichbare Leistung wäre es, wenn ihr über das Mittelschiff des Kölner Doms hüpfen würdet. Rekord-verdächtig ist auch, wie der Floh beschleunigt: 50-mal schneller als die Weltraumfähre Spaceshuttle hebt er ab. Dazu spannt sich der Floh wie ein Flitzebogen: Zuerst kauert er sich hin. Seine Muskeln drücken an seinen Beinen zwei Bällchen aus Resilin zusammen, einem ungemein elastischen Gummi. Löst der Floh nun einen Haken an seiner Körperunterseite, der den Brustpanzer in seiner niedergedrückten Form hält, dann wird er förmlich wegkatapultiert wie ein Geschoss.

Auch mit seiner Körperform hat sich der Floh perfekt an den Lebensraum Mensch angepasst. Von den Seiten her abgeplattet, ist er viel höher als breit (das könnt ihr sehen, wenn ihr den Floh vom Blutsauger-Mobile gebastelt habt). Dadurch kann er sich leicht zwischen unseren Haaren hindurchdrängen. Die Fühler am Kopf sind in Gruben einklappbar. So ist der Kopf dem schnittigen Bug eines Schiffes vergleichbar. Der Floh steckt in einem Panzer aus einer harten Substanz, die Chitin heißt. Dadurch ist er geschützt wie ein Ritter in seiner Rüstung. Man kann einen Floh mit der Dampfwalze überfahren, und er hüpft anschließend davon.

Lausen und schmausen

Wo ein Floh Blut findet, da ist eine Laus oft nicht mehr weit. In Geschichten über frühere Zeiten tauchen die zwei Insektenarten oft gemeinsam auf. Ein Schriftsteller berichtet, wie eine kleine Prinzessin in Frankreich vor ungefähr 350 Jahren erzogen wurde: «Man hatte die junge Prinzessin sorgfältig unterwiesen, dass es

schlechte Manieren seien, sich aus Gewohnheit und nicht aus Notwendigkeit zu kratzen, und dass es unschicklich sei, Läuse, Flöhe oder anderes Ungeziefer in Gesellschaft – wenn es nicht in den vertrautesten Kreisen war – beim Kragen zu nehmen und zu töten.»

George Washington, später der erste Präsident der Vereinigten Staaten von Amerika, musste im Alter von 14 Jahren ganz ähnliche Benimmregeln in seine Fibel schreiben: «Töte kein Ungeziefer wie Flöhe, Läuse, Zecken und so weiter in Gegenwart anderer. Wenn du irgendeinen Schmutz oder dicken Speichel siehst, setze flink deinen Fuß darauf. Wenn er an den Kleidern deiner Gefährten ist, nimm ihn heimlich weg, und wenn er an deinen Kleidern ist, danke dem, der ihn fortgenommen hat.»

Die armen Menschen im verregneten Irland hatten es ebenfalls mit beiden Insektenarten zu tun. «Die Läuse sind schlimmer als die Flöhe. Läuse hocken und saugen, und durch ihre Haut können wir unser Blut sehen. Flöhe hüpfen und beißen, und sie sind sauber, und wir mögen sie lieber», erinnert sich der Buchautor Frank McCourt, der von 1934 an in Irland aufwuchs.

Der Floh ist mittlerweile extrem selten. Viel leichter ist es, eine Laus zu treffen. Das blutsaugende Insekt besiedelt Eskimos ebenso wie Pygmäen und Mitteleuropäer. Ihr braucht nur einen Monat lang eure Kleidung nicht zu waschen und zu wechseln. Dann könnte sie schon da sein: die Kleiderlaus (*Pediculus humanus corporis*). Sie lebt in der dem Körper zugewandten Seite von Unterhosen, Hemden und sonstigen Kleidungsstücken. Das 3 bis 4,5 Millimeter große Insekt ernährt sich nur von Menschenblut und pikst dreimal am Tag mit seinen stechend-saugenden Mundwerkzeugen in unsere Haut.

«Kauf dir eine Laus, schon ist die Schule aus!»

Die Kopflaus (*Pediculus humanus capitis*) fängt man sich noch leichter ein. Am leichtesten in Landschulheimen, Kindergärten und in Schulen. Schätzungsweise mehr als eine Million Menschen in Deutschland haben Kopfläuse. Die Kopflaus legt ihre Eier, die Nissen, an die Haarschäfte nahe der Kopfhaut. Für alle Läuse gilt: Mit ihrem flachen Körperbau sind sie optimal für ein heimliches Leben ausgestattet. Und sie lassen nicht locker: Mit ihren hakenbewehrten Beinen klammern sie sich an unsere Haare und Kleidungsstücke.

Wenn eine Laus auftaucht, dann ist das Geschrei in der Familie groß. Eltern rücken ihrem verlausten Kind mit Essigkämmen zu Leibe und versprühen Desinfektionsmittel in der Wohnung. Das kann die Kopflaus nicht ausrotten. Sie zieht dann schnell auf einen anderen Kopf um. Manche Kindergärten melden fast jeden Monat einen «Läusealarm». «Schüler, die verlaust sind, dürfen die dem Schulbetrieb dienenden Räume nicht betreten», befiehlt das deutsche Bundesseuchengesetz von 1973. Und ein Schülerreim verrät, wie man besonders schlau die Schule schwänzen kann: «Kauf dir eine Laus, schon ist die Schule aus!»

Wie die Laus zum Mensch kam

Wie die Kleiderlaus trinkt auch die Kopflaus ausschließlich Menschenblut. Die beiden Insektenarten sind so eng miteinander verwandt, dass sie sogar Nachkommen zusammen zeugen können. Logischerweise war die Kopflaus zuerst da; denn der Mensch war von Beginn seiner Geschichte an behaart.

Eine gezeichnete Kleiderlaus

Als aber eure Vorfahren in der Steinzeit begannen, sich mit Fellen zu kleiden, da entstand neben dem Kopfhaar ein zweiter Lebensraum, in dem sich die Kleiderlaus entwickelte (sie ist ungefähr um 20 Prozent größer als die Kopflaus). Mitglieder von Eingeborenenstämmen, die keine Kleider tragen, haben logischerweise auch keine Kleiderläuse. Die dritte und kleinste im Bunde der Menschenläuse ist die Filzlaus (*Phthirus pubis*). Das 1,7 Millimeter lange Geschöpf lebt auf Augenbrauen, Wimpern und im Schamhaar, weshalb es auch Schamlaus genannt wird. Wenn sich zwei Menschen näher kommen, dann ist das eine gute Gelegenheit, den Wirt zu wechseln. Stark juckende Stiche an geheimen Stellen verraten den neuen Besucher, den manche anzüglich auch «Kavaliersbiene» nennen.

«Mich laust der Affe»

Der gemeinsame Vorfahre von Affe und Mensch war vermutlich ein verlauster Geselle. Bis heute haben Gorillas, Schimpansen und Menschen sehr ähnliche Läuse. Die Blutsauger riefen ein soziales Verhalten hervor, das beide – Affen und Menschen – bis heute haben: das Lausen.

Affen verwenden viel Zeit darauf, sich gegenseitig das Fell abzusuchen. Das tun sie jedoch nicht nur aus reiner «Affenliebe». Die Sucher haben den Vorteil, dass sie so viele Läuse essen können, wie sie wollen und finden. Dem Menschen ist das vertraut: Als Seife und Insektenschutzmittel noch nicht erfunden waren, lasen sich die Familienangehörigen die Kopfläuse gegenseitig aus dem Haar und zerknackten sie zwischen den Zähnen. Und wie hungrige Affen futterten sie die Insekten und zogen die Plagegeister auf diese Weise für immer aus dem Verkehr. Ein Naturforscher des 19. Jahrhunderts hat das Läuseessen bei den Kirgisen, einem Turkvolk Mittelasiens, erlebt. Er schrieb in seinem Reisebericht: «Ich war Zeuge einer rührenden, wenn auch barbarischen Szene eheweiblicher Hingabe. Der Sohn unseres Gastgebers lag in tiefem Schlaf … Unterdes nutzte seine zärtliche und aufopferungsvolle

Das Lausen in der Familie war früher so verbreitet wie heute der gemeinsame Abend vor dem Fernseher

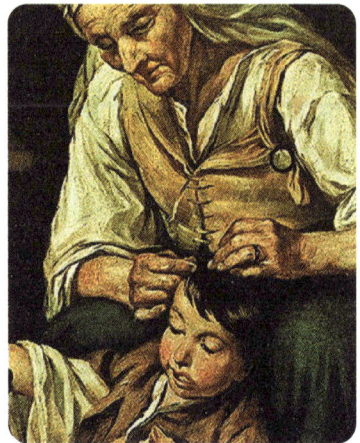

Schnippel-Gimmick:
Das Blutsaugermobile

Und so geht's:

1. Alle Bastelseiten an der Schnippellinie
   aus dem Buch heraustrennen.

2. Tier für Tier die Teile an der gestrichelten
   schwarzen Linie ausschneiden.

3. Alle Faltlinien −·−·−·−·− an einem Lineal
   entlang z. B. mit einer Stricknadel vorfalzen.

4. Faltlinien vorfalten. −·−▲−·−▲·−·▲ sind Bergfalten,
   die Linie ist oben auf dem Knick. −·−x−·−x−·− sind
   Talfalten, die Linie verschwindet innen im Knick.

   … Weiter geht's auf der nächsten Seite …

**Diese Zutaten
brauchst du:**
- spitze Schere
- Lineal
- Stricknadel
- Papierklebe
- Zwirn und Nadel
- Blumendraht
- Stift

Zuerst die Kopflaus:

1. Das Ende des Haltefadens auf die Markierung kleben.

2. Um den Panzer zu wölben, Klebefläche **A1** und **A2** auf
   A1 und **A2** kleben. Der Haltefaden schaut jetzt aus dem
   Rückenpanzer hervor.

3. Klebelaschen **B** und **C1** bis **C5** falten (Berg- und Talfalten)
   und Ober- und Unterteil zusammenkleben.

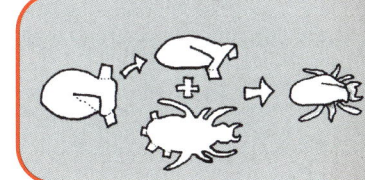

Kopflaus (*Pediculus
humanus capitis*)
Originalgröße: 2–4 mm

Schnippellinie:

Bergfalten:

_ . ▲ . _ . ▼ . _ . ▲ . _

Talfalten:

_ . _ x _ . _ x _ . _

Klebefläche:

A

Haltefaden-markierung:

5. Klebeflächen vorsichtig mit Klebe bestreichen und die einzelnen Blutsauger wie gesondert beschrieben (und auf den Zeichnungen sichtbar) zusammenkleben. Dabei jeweils ein zirka 40 cm langes Stück Zwirn am Rücken einkleben. Bei Bedarf das Schild am «Hals» festbinden.

6. Ein etwa 80 cm langes Stück Blumendraht in der Mitte knicken und beide Hälften zusammenzwirbeln, damit es stabiler wird. Das ergibt die obere Hauptstange. Noch zwei zirka 35 cm lange Stücke abschneiden, und alle Enden jeweils um einen Stift herumbiegen. Daran werden später die Blutsauger befestigt.

7. Jetzt das Mobile zusammenbauen: Jeweils zwei kleinere Blutsauger an den dünneren Drahtenden festknoten, und den Draht wie eine Wippe auf den Stift legen. Am «Kipppunkt» dann den nächsten Faden befestigen. Diesen dann am «Doppelzwirbeldrahtende» festknoten. Am Kipppunkt des stabilen Drahtes sowohl die dicke Zecke als auch den Faden für die Decke festknoten.

8. Nun das Mobile an der Decke befestigen, sich zurücklehnen und entspannen!!

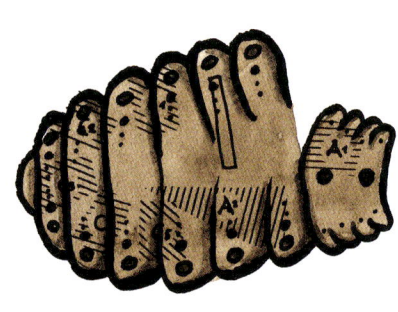

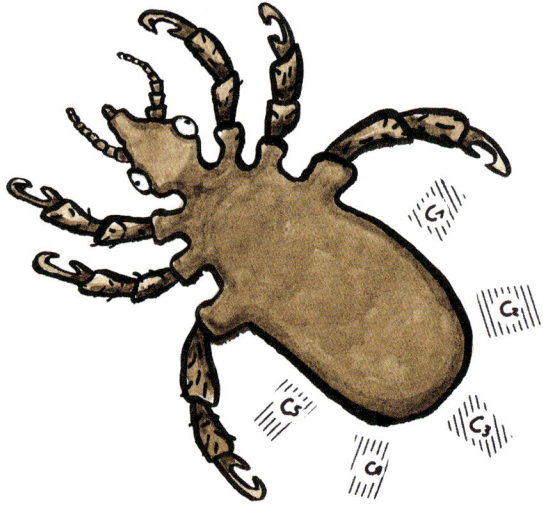

Nun die Bettwanze

Es funktioniert wie bei der Kopflaus:

1. Das Ende des Haltefadens auf die Markierung kleben.

2. Um den Panzer zu wölben, Klebefläche **A** und **A1** auf **A** und **A1** kleben. Der Haltefaden schaut jetzt aus dem Rücken hervor.

3. Klebelaschen **B1** bis **B6** falten (alles Bergfalten) und Ober- und Unterteil zusammenkleben.

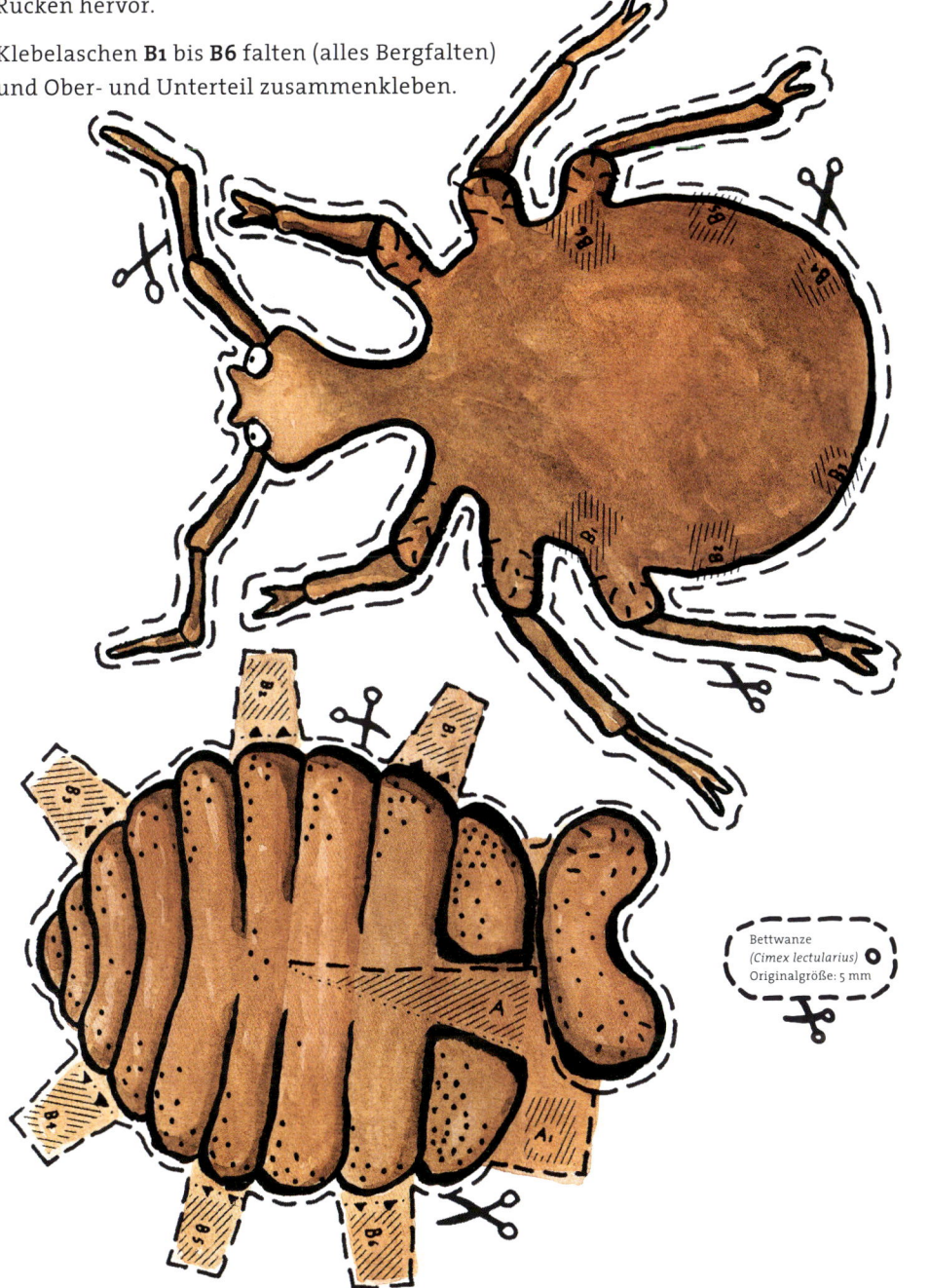

Bettwanze
(Cimex lectularius)
Originalgröße: 5 mm

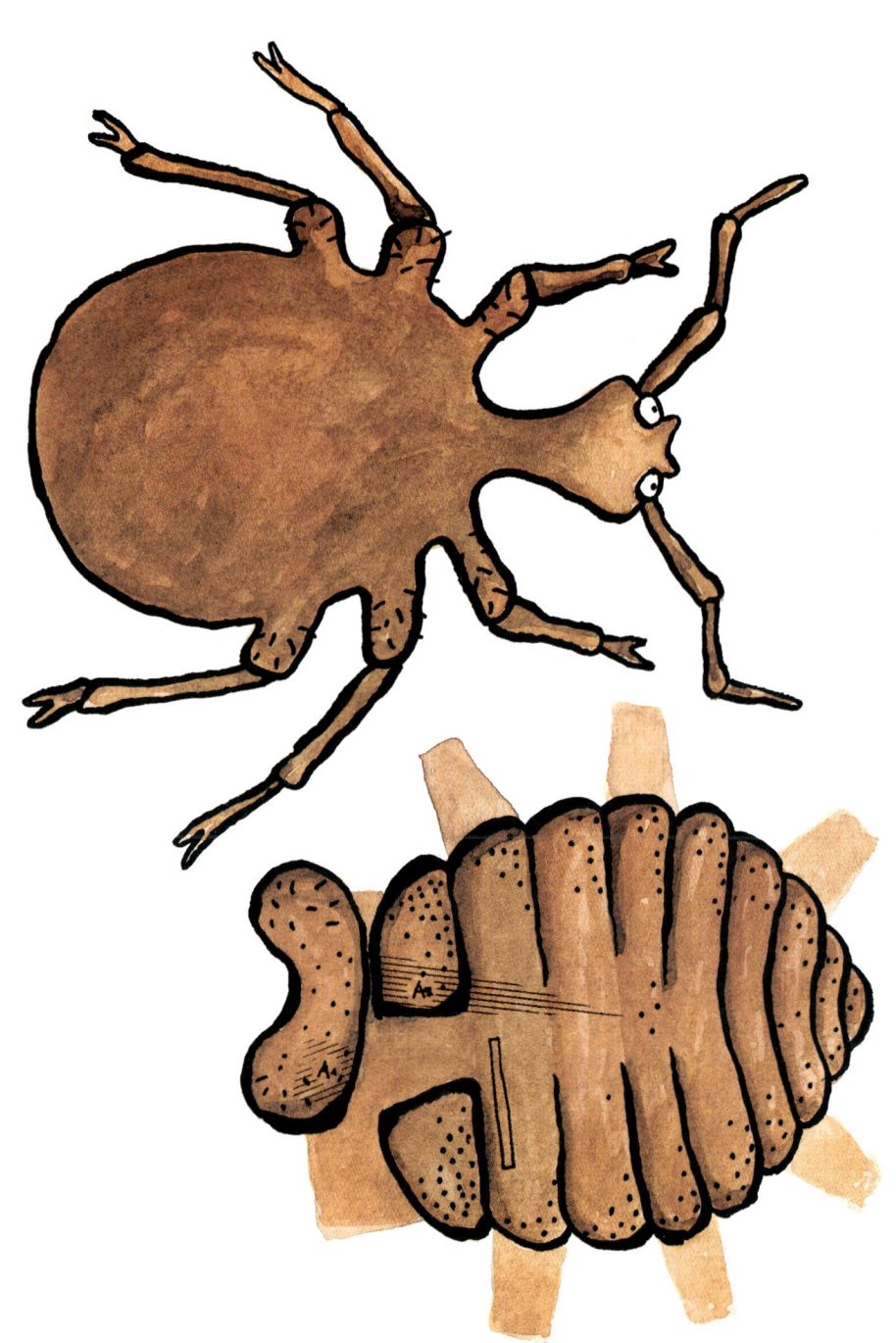

Achtung, Achtung: die Stechmücke!

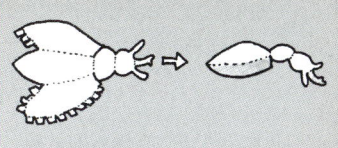

1. Mit einer Nadel den Haltefaden durch die Markierung ziehen. Das Ende ankleben.

2. Zuerst den Hinterleib zusammenbauen. Dafür alle kleinen Klebeflächen falten (alles Bergfalten) und die drei Segmente wie auf der oberen Zeichnung zusammenkleben. Das ist leider etwas kompliziert, sieht nachher aber toll aus!

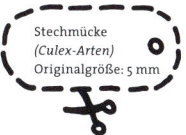

Stechmücke
(Culex-Arten)
Originalgröße: 5 mm

3. Nun die Beinteile jeweils auf Markierung **A** und **B** und das Flügelteil auf **C** und **D** kleben.

4. Jetzt die Beine «insektenartig» falten. (Siehe Faltmarkierungen!)

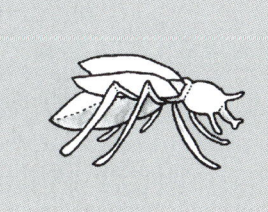

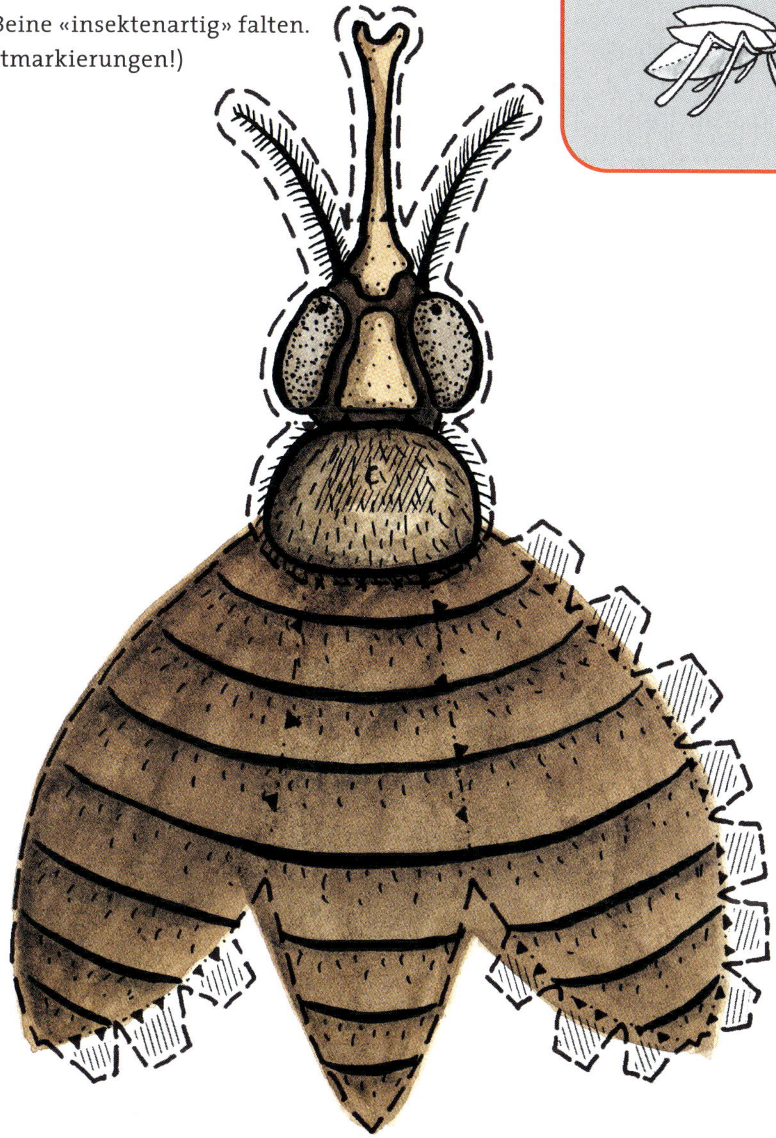

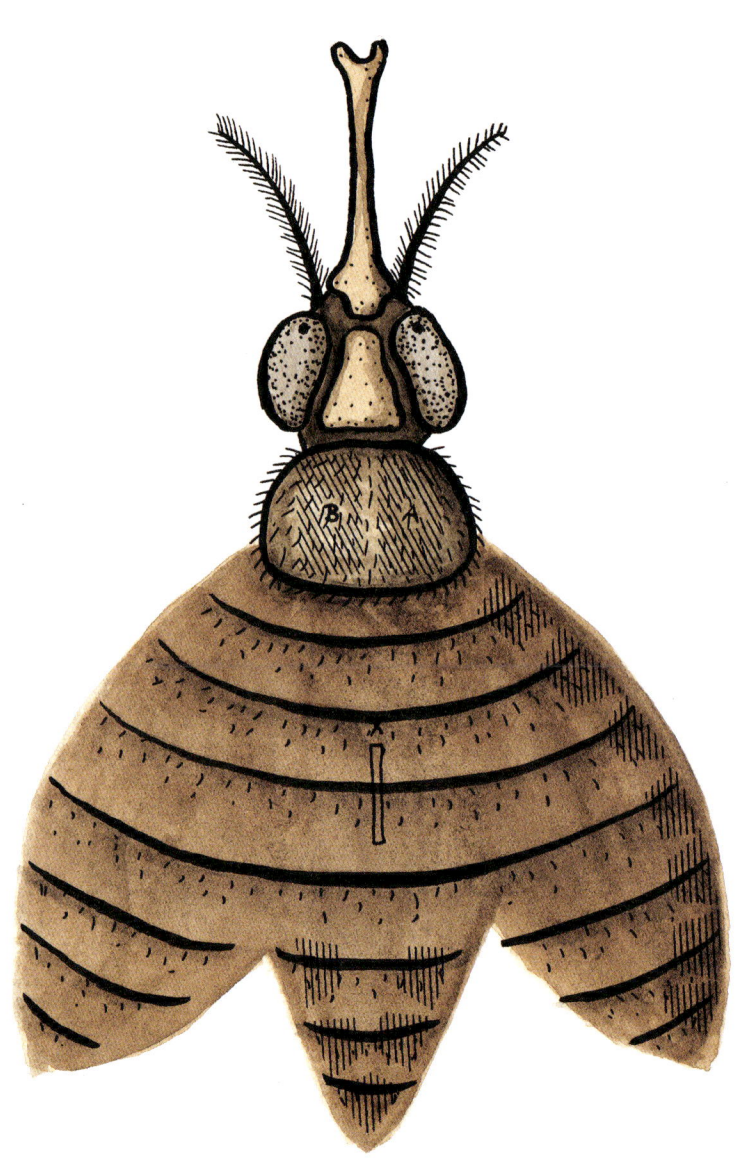

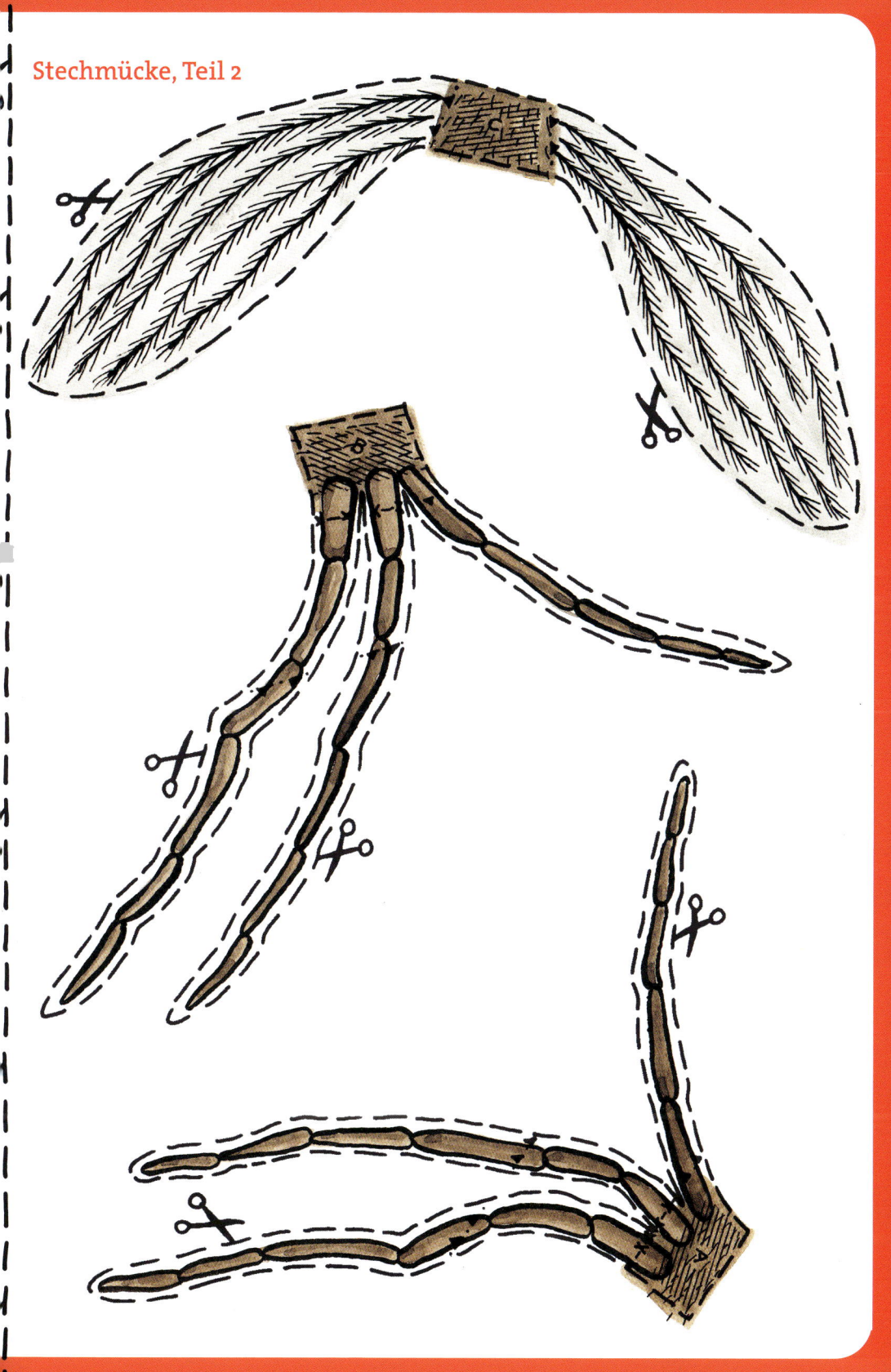

Hier hüpft der Floh:

1. Das Ende des Haltefadens auf die Markierung kleben.

2. Beide Flohhälften zuammenfügen. Dafür die Klebe-laschen **A**, **B**, **C** und die beiden Laschen am Kopf falten (Bergfalten) und auf die Markierungen kleben. Der Haltefaden schaut jetzt aus dem Rücken.

3. Nun den «Boden» einkleben. Auf die Markierungen achten, der Boden wird leicht gewellt!

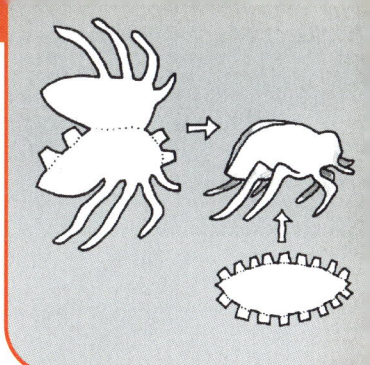

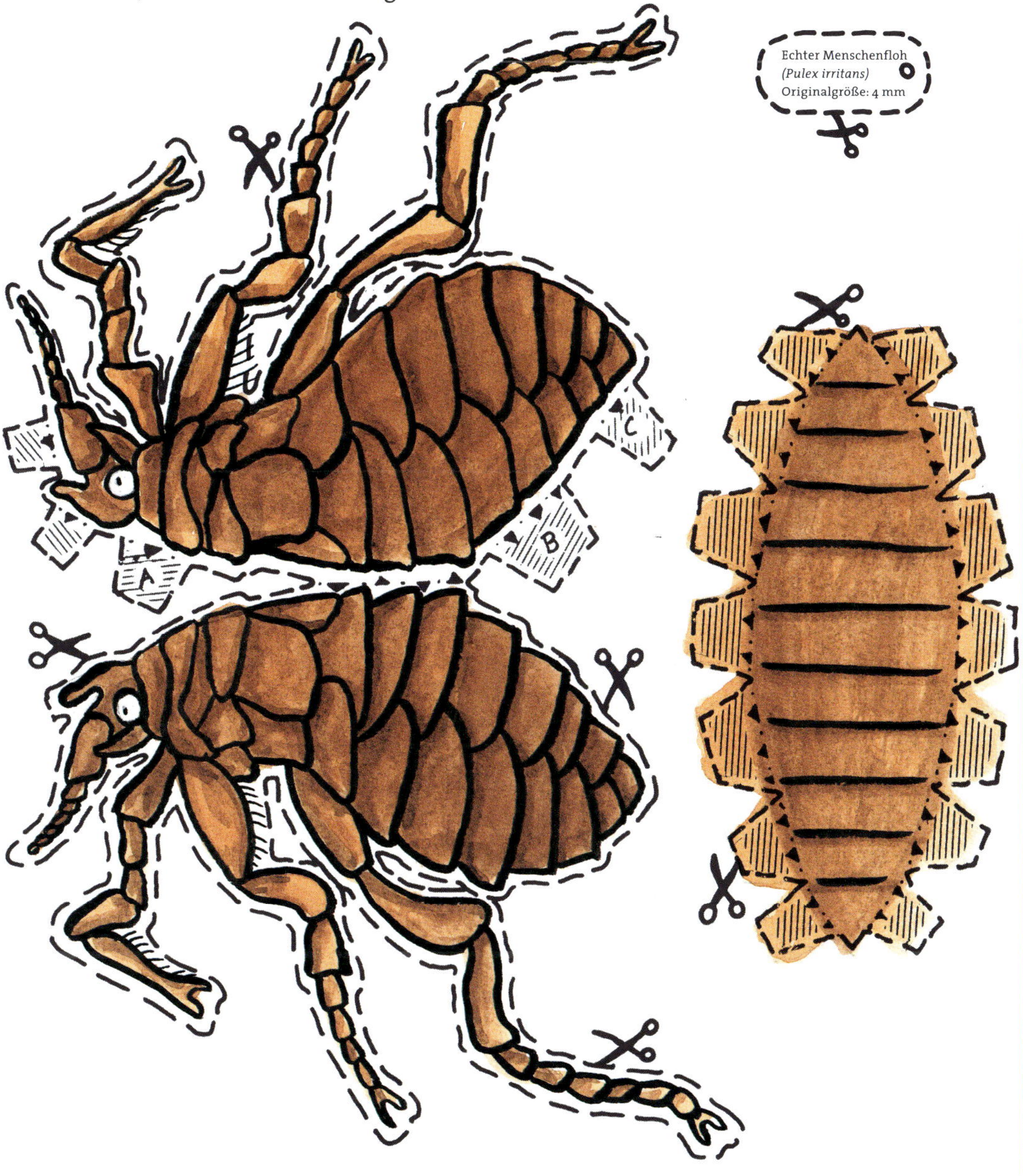

Echter Menschenfloh
(Pulex irritans)
Originalgröße: 4 mm

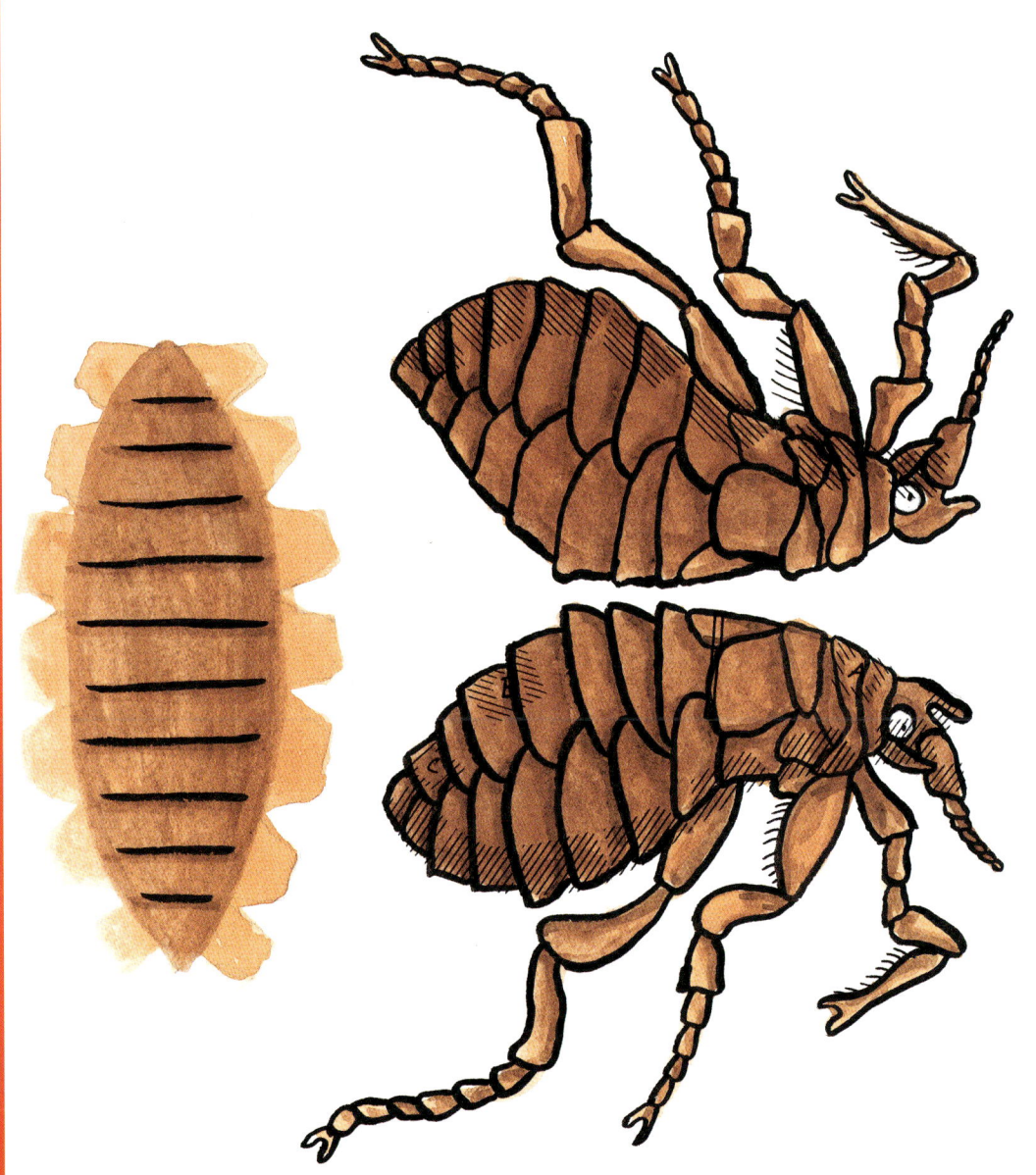

Zu guter Letzt: der Holzbock!

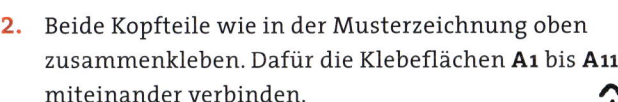

1. Das Ende des Haltefadens auf die Markierung kleben.

2. Beide Kopfteile wie in der Musterzeichnung oben zusammenkleben. Dafür die Klebeflächen **A1** bis **A11** miteinander verbinden.

3. Nun den Rücken wie auf dem unteren Bild zusammenfügen. **B1**, **B2** und **C1** bis **C3** jeweils aufeinander kleben.

… Weiter geht's auf der nächsten Seite …

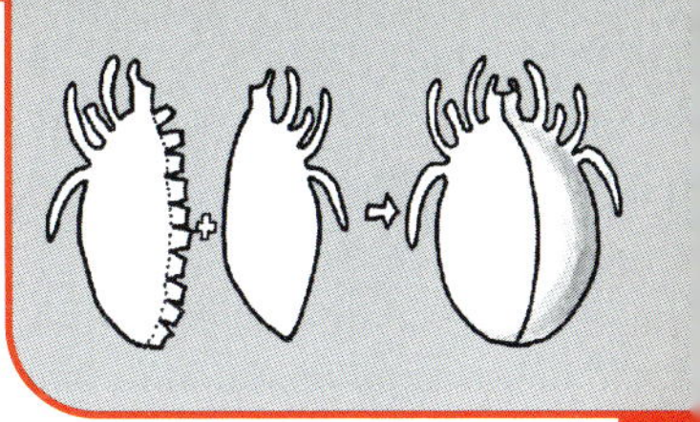

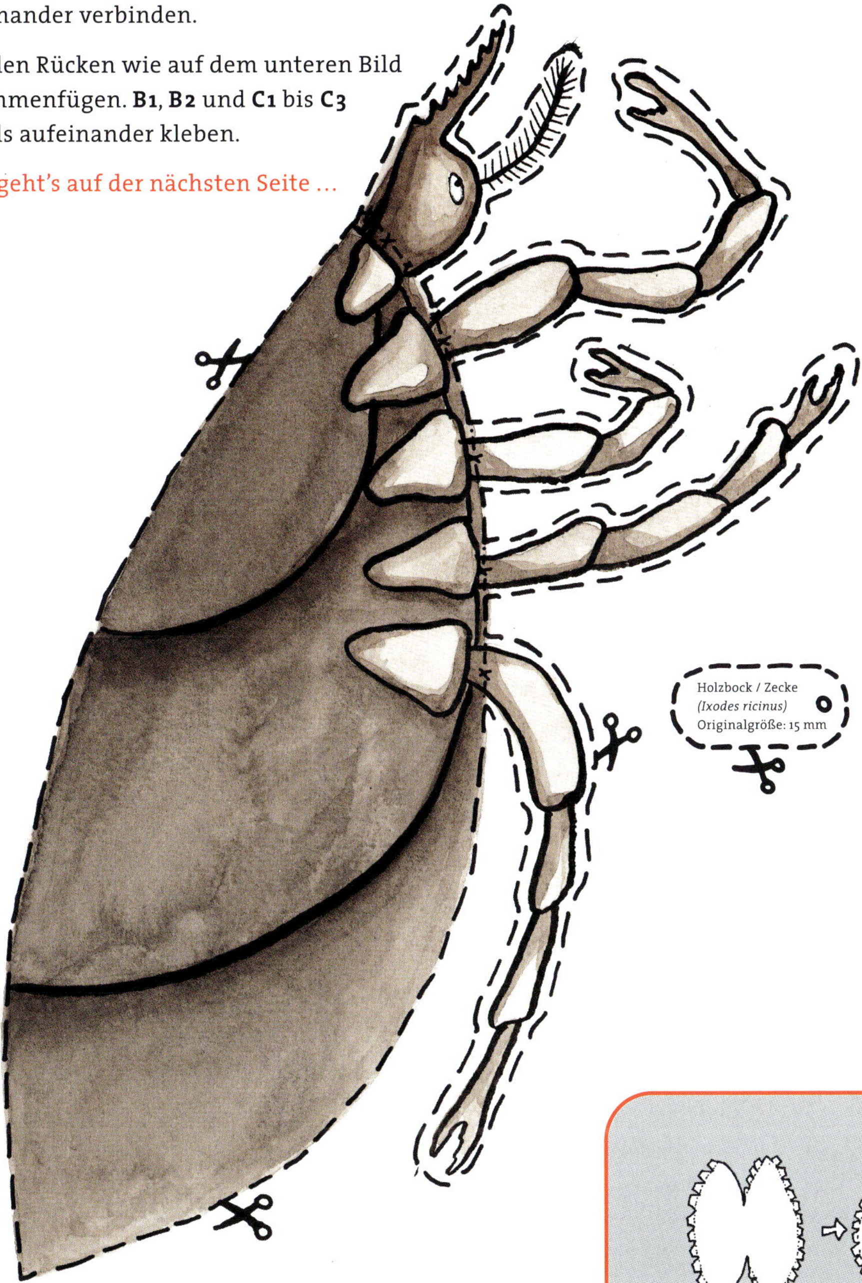

Holzbock / Zecke
(Ixodes ricinus)
Originalgröße: 15 mm

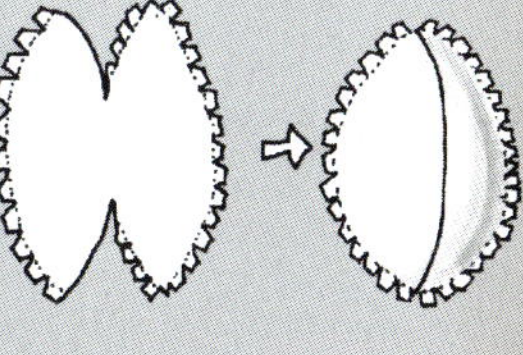

4. Jetzt Ober- und Unterteil zusammenkleben. Kenner vermuten schon: **D1** bis **D11** auf **D1** bis **D11** und **E1** bis **E11** auf **E1** bis **E11**. Richtig! Das ist noch einmal ein bisschen kniffelig zu basteln, sieht aber hinterher supertoll aus!

Jetzt schnell das Mobile wie ganz am Anfang beschrieben zusammenbasteln – **FERTIG**!!!

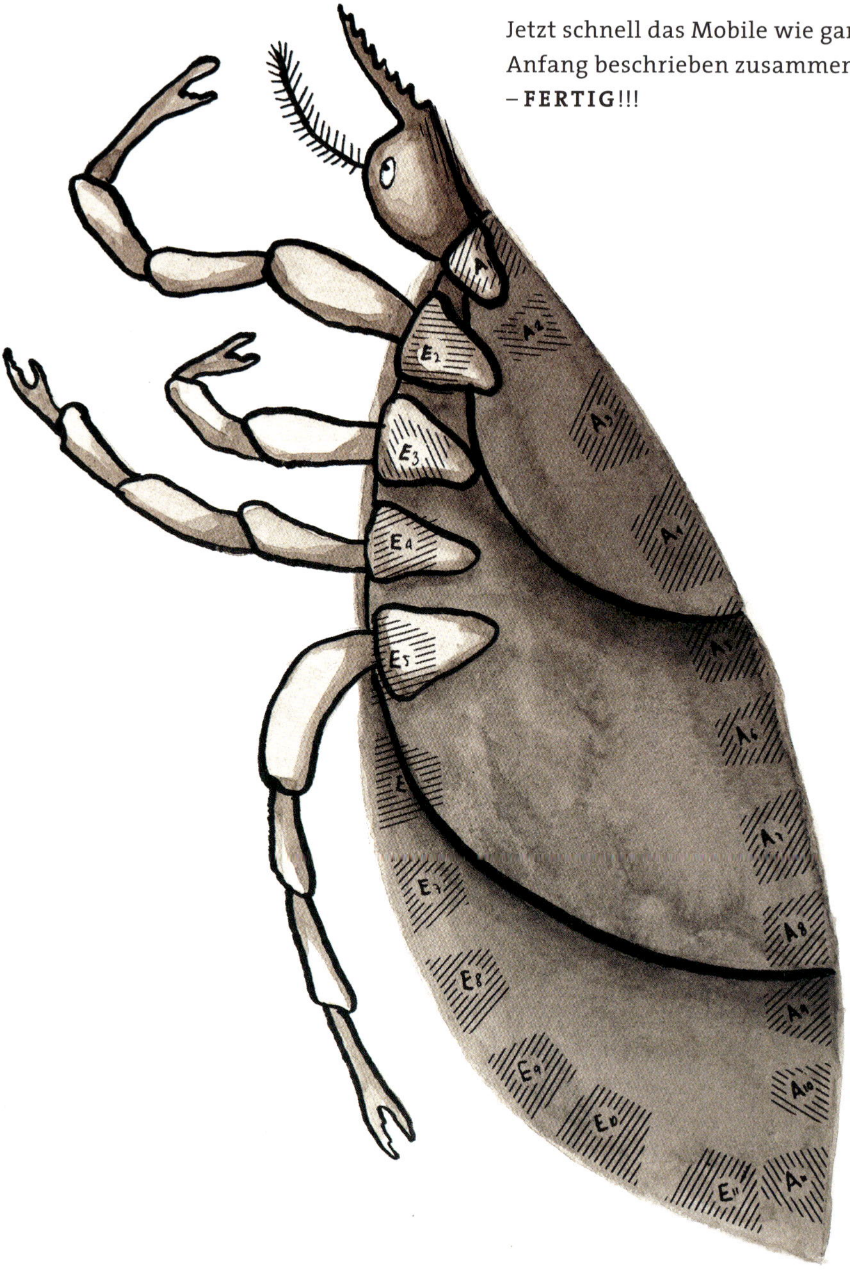

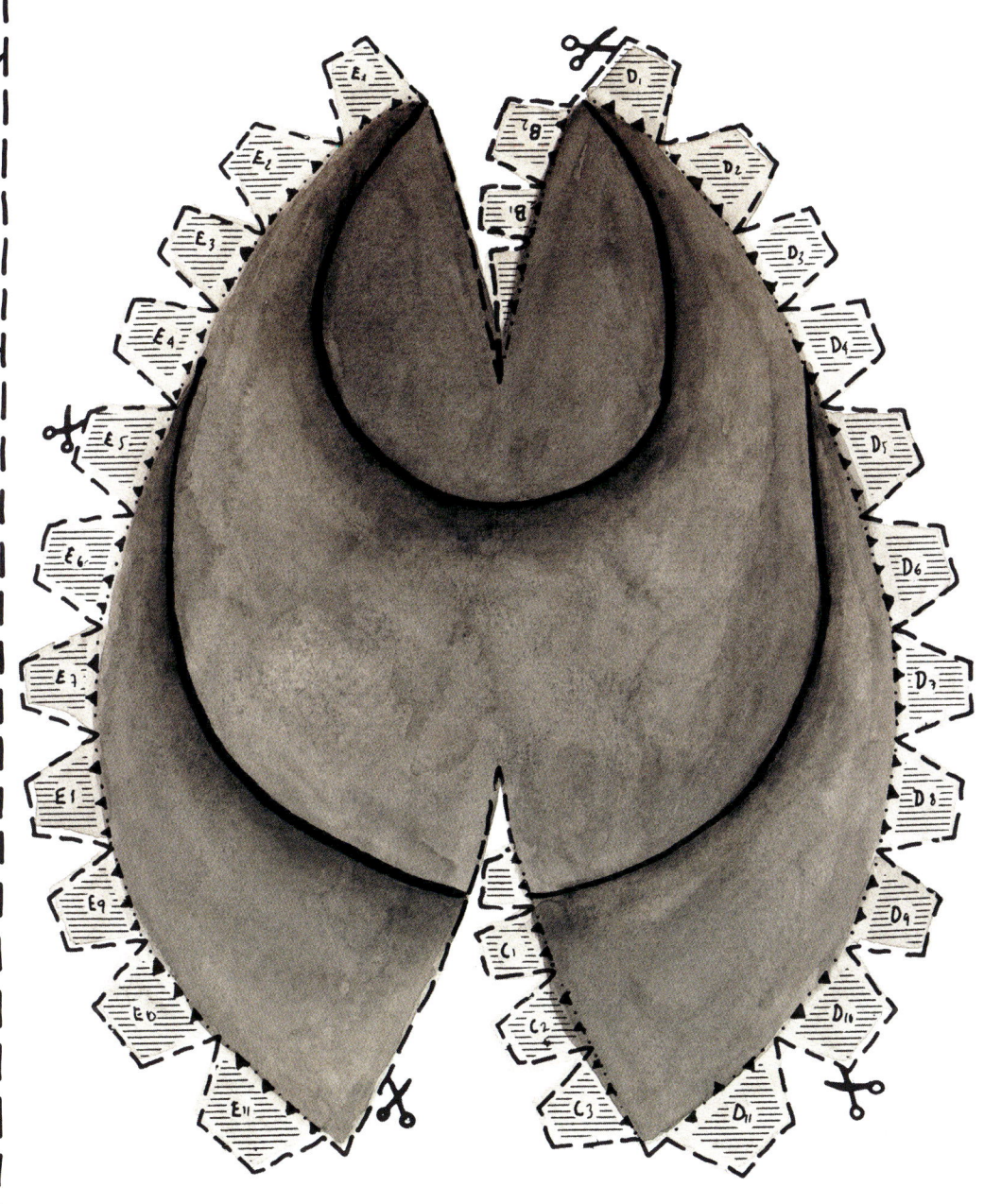

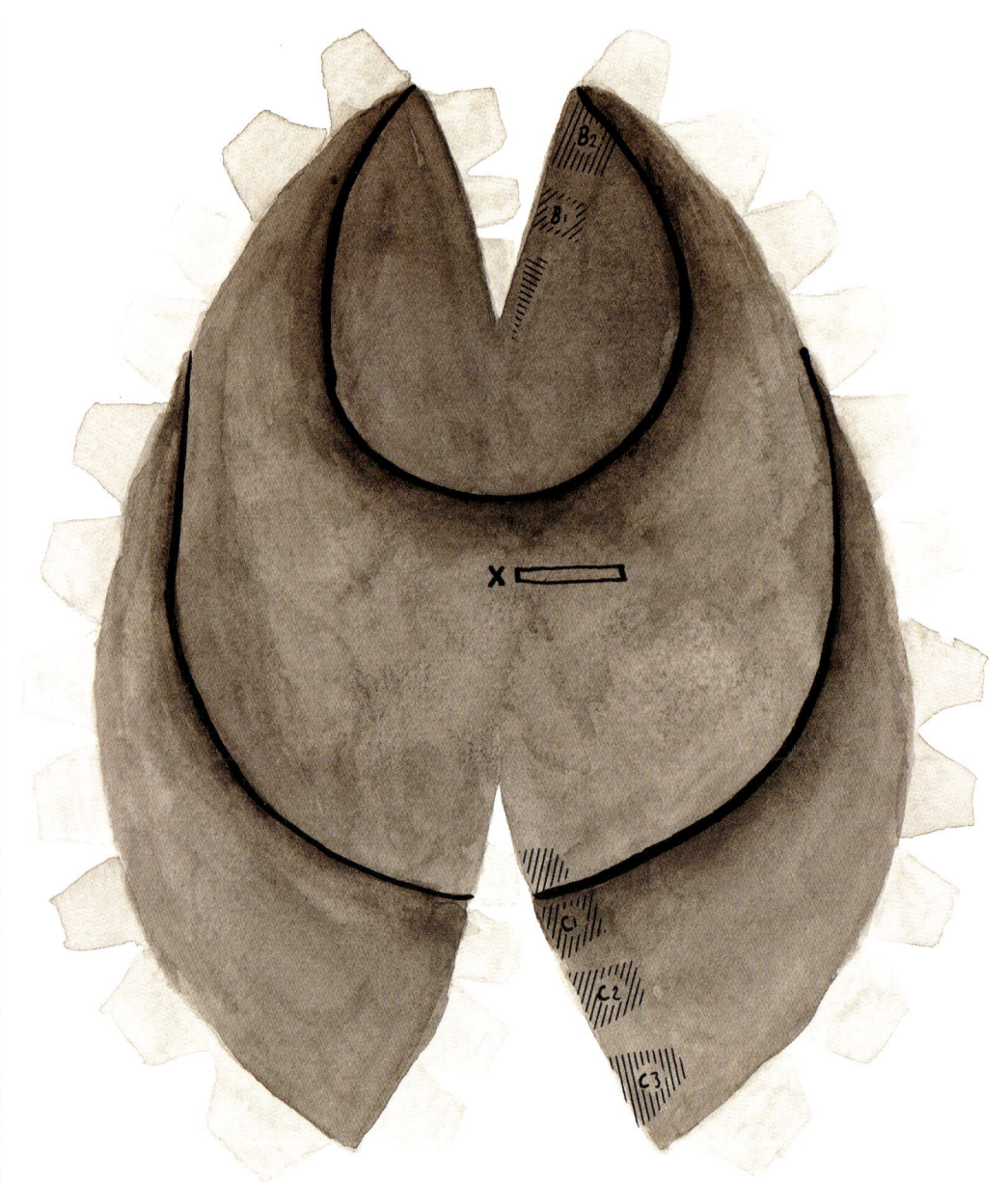

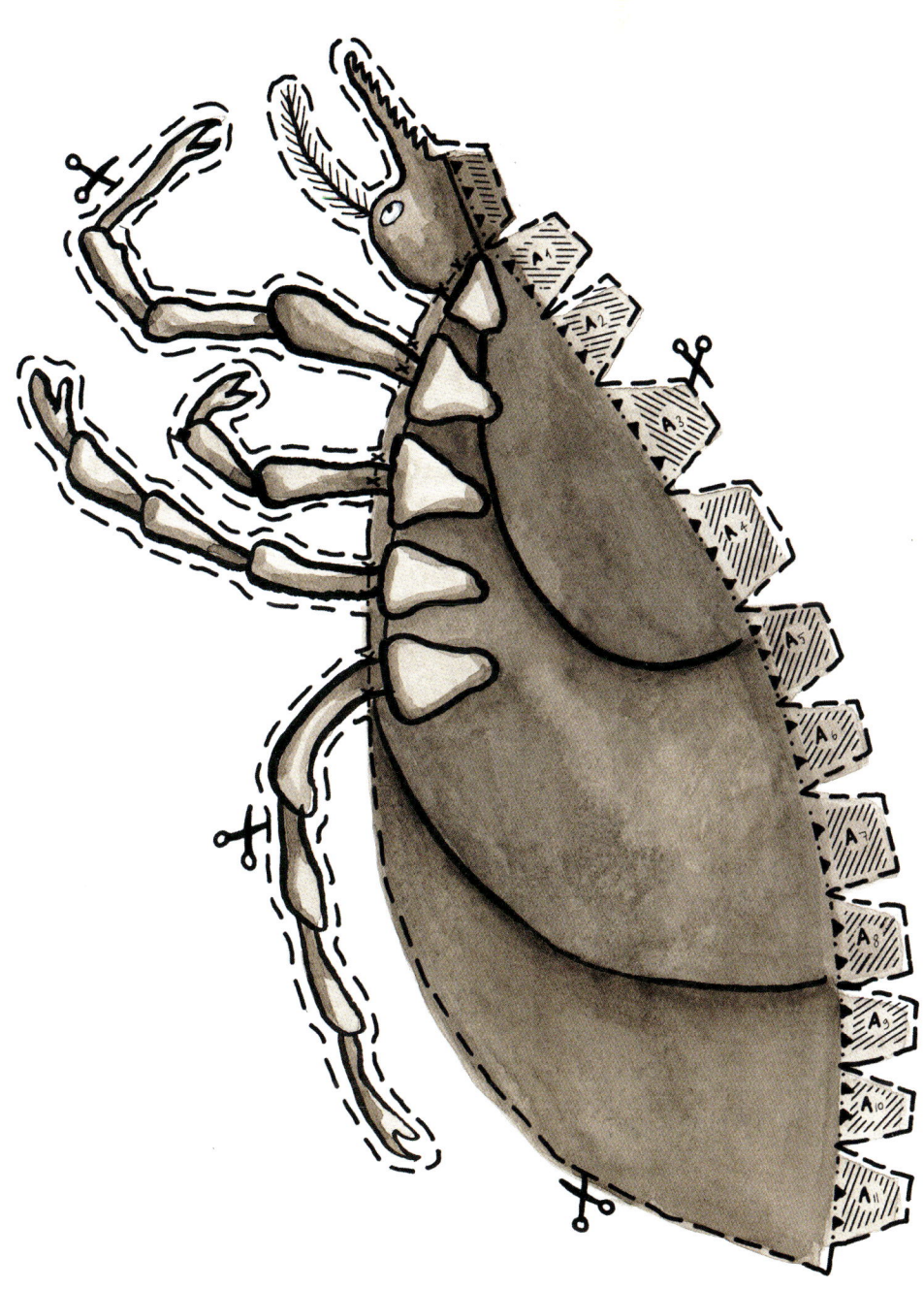

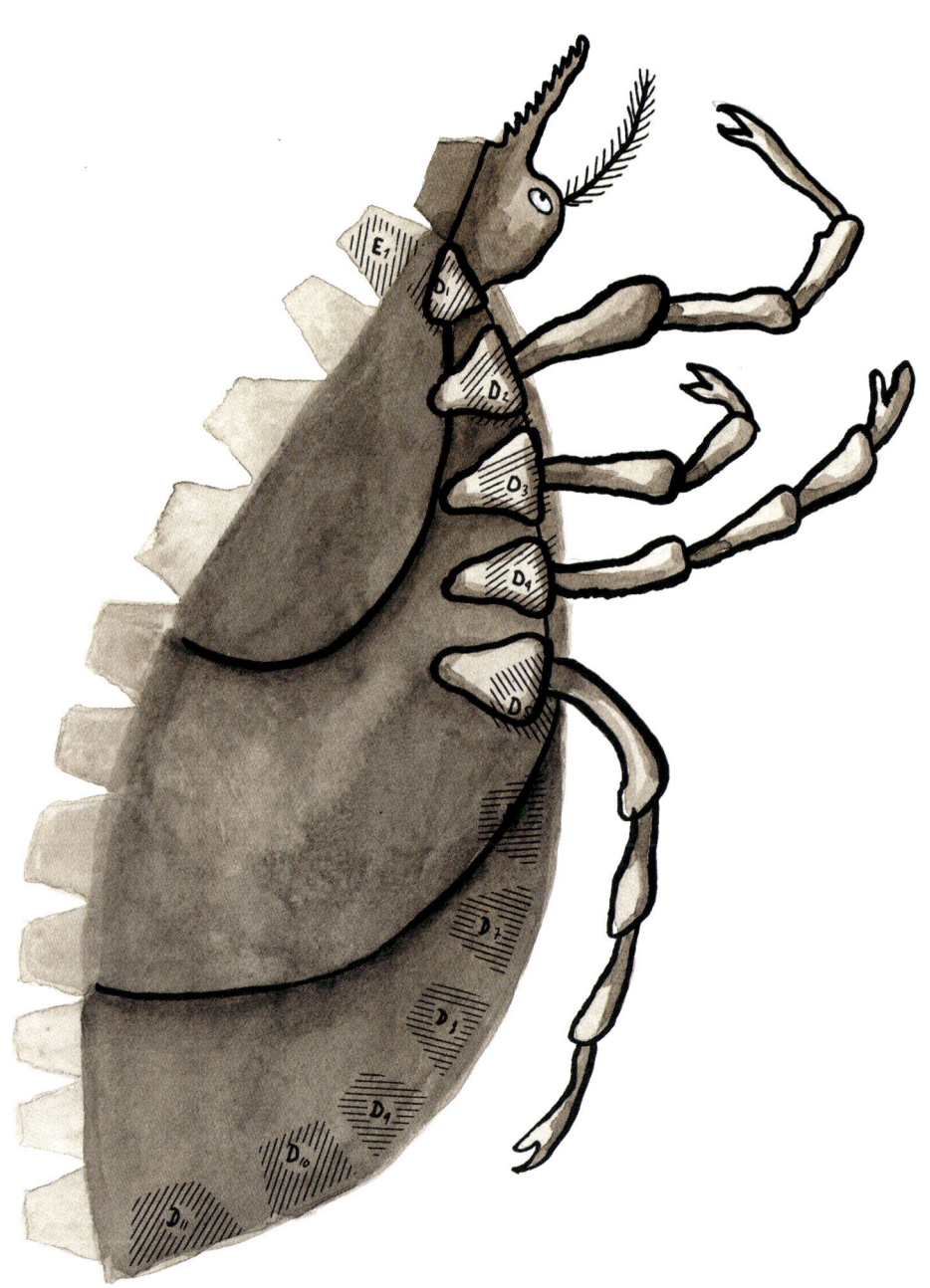

Gattin die Gelegenheit zu einer Säuberung seines Hemds von dem Ungeziefer (Läuse), das sich darin tummelte ... Sie nahm sich systematisch jeden Faltenwurf und jeden Saum in dem Hemd vor und zog ihn durch ihre strahlenden weißen Zähne, während sie ihn rasch abnagte. Die dauernden Knackgeräusche konnte man deutlich hören.» Die Läuse der Eltern zu fangen und zu essen war auf der Südseeinsel Tonga wiederum ein Zeichen von Zuneigung und Pflichterfüllung gegenüber Mutter und Vater. Nun wisst ihr also, was zu tun ist, wenn ihr euch mal bei euren Eltern einschmeicheln wollt ...

Früher waren Läuse überall verbreitet. Deshalb vermuteten viele Gelehrte einen Sinn hinter der enormen Häufigkeit. Der schwedische Naturforscher Carl von Linné (1707 bis 1778) zum Beispiel glaubte, die Tierchen würden Kinder vor Krankheiten schützen. Bis heute halten Angehörige bestimmter Eingeborenenstämme das Verlaustsein für ein Zeichen bester Gesundheit und leisten hartnäckig Widerstand, wenn man ihnen die Läuse nehmen will.

Im schwedischen Ort Hurdenberg entschieden die Lästlinge sogar darüber, wer Bürgermeister wurde. Der mittelalterliche Brauch ging so: Alle, die Bürgermeister werden wollten, setzten sich und legten ihre Bärte auf den Tisch (Männer ohne Bart und Frauen konnten damals nicht gewählt werden). Dann wurde eine Laus in die Mitte des Tisches gesetzt. Derjenige, in dessen Bart die Laus hineinkroch, wurde für das nächste Jahr Bürgermeister.

Heute gibt es in Deutschland fast in jeder Wohnung eine Dusche oder Badewanne, und wir achten darauf, uns regelmäßig zu waschen und unsere Wäsche zu wechseln. Deshalb hat es die Laus hierzulande immer schwerer, einen passenden Aufenthaltsort zu finden. Das gilt jedoch nicht für die Entwicklungsländer. Hier sind Läuse nach wie vor eine Landplage. Der Laus-Experte Hans Zinsser prophezeit: «Es gibt Gebiete auf der Erde, wo das Leben noch primitiv ist, wo die Badewannen Luxus bleiben und wo das Baden einer Gegenrevolution gleichkommt. Die Laus wird nie vollständig ausgerottet werden.»

Wanzen auf der Lauer

Das hervorstechende Merkmal der Wanzen ist der Saugrüssel, den sie im Ruhezustand artig unter den Bauch einklappen. Die meisten der etwa 30 000 Arten dieser Insektenordnung sind harmlose Pflanzensauger. Aber wehe, wenn die Bettwanze ihren Rüssel ausklappt – dann solltet ihr euch lieber vorsehen! Auf Menschenblut hat sie nämlich den größten Appetit.

Wie der Name «Bettwanze» schon andeutet, lebt das flügellose, braune Insekt nicht direkt auf dem Menschen. Allerdings: Die Wanze liegt auch nicht den ganzen Tag in unserem Bett auf der Lauer. Vielmehr versteckt sich das fünf Millimeter große Tier tags-

Unter dem Elektronenmikroskop bei 55facher Vergrößerung sieht die Bettwanze ziemlich furchterregend aus.

über in Lichtschaltern, Möbelritzen, hinter Bildern und Verschalungen, unter Schränken, Matratzen und Tapeten. Dieses Leben im Verborgenen hat übrigens dazu geführt, dass man geheime Abhörgeräte als «Wanzen» bezeichnet. Das Insekt ist platt wie eine Flunder, in Berlin heißt es deshalb «Tapetenflunder».

Nur am Abend traut sich die Wanze aus ihrem Versteck. Wenn ihr euch müde ins Bett fallen lasst und eure Leselampe ausgeknipst habt, dann pirscht die Wanze sich auf ihren sechs klauenbewehrten Beinchen heran. Auf den letzten zehn Zentimetern lässt sie sich von der Körperwärme des völlig ahnungslosen Schläfers leiten.

Die Zielgenauigkeit des Wanzenrüssels allerdings ist nicht so groß. Weil nicht jeder Stich auf Blut stößt, pikst die Wanze häufig mehrmals hintereinander. Hat sie endlich einen Treffer gelandet, saugt sie ungefähr zehn Minuten lang mit großer Gier unseren Lebenssaft. Sie kann bis zum Siebenfachen des ursprünglichen Gewichts anschwellen. Die frischen Wanzenstiche bemerkt der Mensch nicht. Erst nach einer Weile fangen sie fürchterlich zu jucken an. Dann aber ist die Wanze schon längst wieder in ihrem sicheren Versteck.

Erst als der Mensch sesshaft wurde und sich jeden Abend brav in sein Bett legte, brachen für die Wanze gute Zeiten an. Denn ähnlich wie der Floh ist auch sie darauf angewiesen, dass ihr Opfer regelmäßig nach Hause kommt. Vermutlich lebten die Vorfahren der Bettwanze in warmen Höhlen des Mittleren Ostens. Zunächst soffen sie Blut von Fledermäusen und Vögeln, die in der Höhle schliefen. Noch heute leben einige Wanzenarten vom Blut der Fledermäuse und Tauben. Als unsere Vorfahren in die Höhlen zogen und dort schliefen, kamen einige Wanzen auf den Geschmack von Menschenblut und belästigen uns seither; heutzutage sind sie vor allem in armen Ländern verbreitet.

Die gequälten Menschen ließen sich früher allerhand Tricks einfallen, um die Besucher loszuwerden. Sie stellten die Holzbeine ihrer Betten in wassergefüllte Schalen, damit die Blutsauger nicht hochkrabbeln konnten. Die Wanzen waren aber schlauer: Sie krochen die Wände hoch und sprangen von dort aus auf die Schläfer.

Eine gezeichnete Bettwanze

Blutrausch in heißen Nächten

Je wärmer es ist, desto durstiger wird die Wanze. Bei einer Zimmertemperatur von 18 Grad Celsius kommt sie einmal in der Woche zum Trinken ins Bett. Wenn es 25 Grad oder noch wärmer ist, kommt sie jede Nacht. Und was ist, wenn das Bett einmal leer bleibt? Kein Problem für die Wanze. Sie kann warten und ein halbes Jahr lang ohne Blut überleben. Dann aber ist sie sehr hungrig!

Eine verwanzte Wohnung erkennt man an einem ziemlich ekligen, süßlichen Geruch. Die Tiere verströmen ihn mit ihren Stinkdrüsen und brauchen ihn für die Partnersuche. Der schwarzklebrige Wanzenkot stinkt ebenfalls ganz schön. Wie heißt doch der Reim? «Den Geruch von Wanzen im Zimmer, den vergisst du nimmer.» Der Wanzengestank ist auch heutzutage noch in vielen menschlichen Behausungen zu riechen – denn immerhin werden vier von fünf Menschen auf der Welt nachts von Bettwanzen geplagt.

Wer hat süßes Blut?

Stechmücken kommen meistens zu euch, wenn das Licht aus ist. Im Dunkeln kann man sie nicht sehen – allerdings hören wir den Flügelschlag und erkennen sie an ihrem hohen Surren: Sssssssss!»

Dieses Geräusch haben vermutlich alle Menschen auf der Welt schon einmal gehört. Es gibt mehr als 3400 Stechmückenarten, davon leben 40 in Deutschland. Sie sind praktisch in allen Ländern der Erde auf Beute aus.

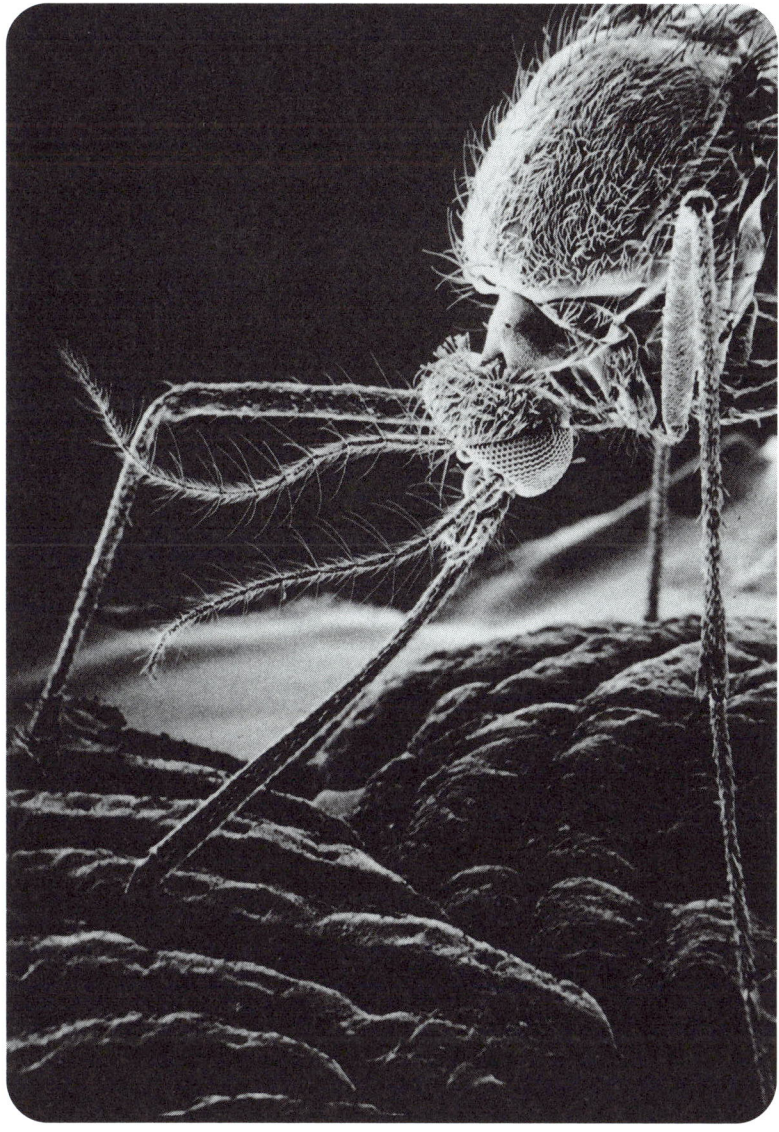

Elektronen-mikroskopische Aufnahme einer Stechmücke auf der Haut eines Menschen bei 26facher Vergrößerung

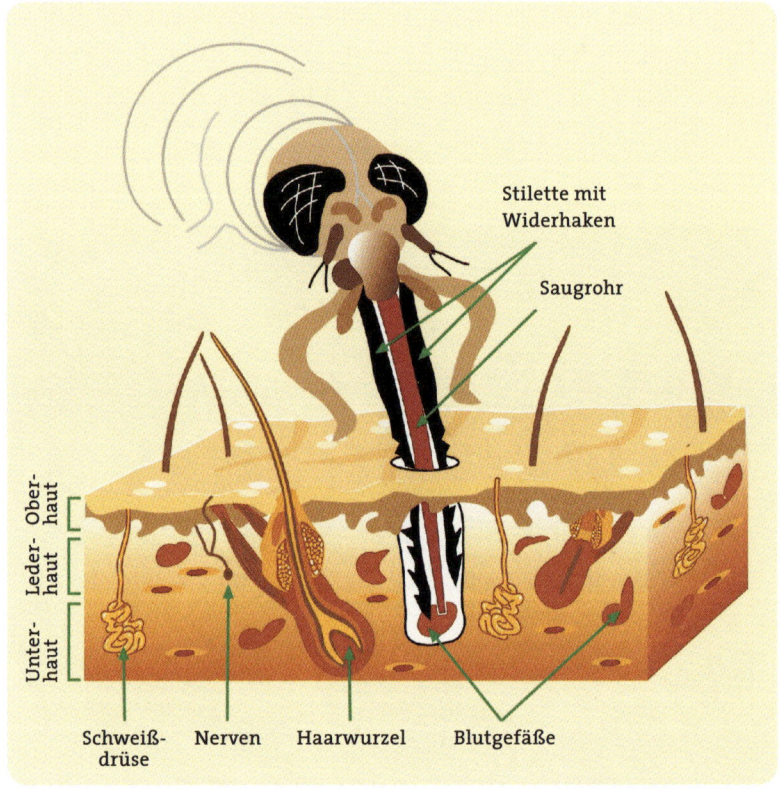

Eine Mücke bei der Blutmahlzeit

Stilette mit Widerhaken

Saugrohr

Ober-haut

Leder-haut

Unter-haut

Schweiß-drüse   Nerven   Haarwurzel   Blutgefäße

Es sind immer nur die Weibchen, die uns stechen. Sie brauchen das nahrhafte Blut, weil sie Eier herstellen müssen. Bevor sie richtig zu saugen anfangen, spritzen sie Spucke in die Stichwunde. Das funktioniert ganz ähnlich wie beim Floh: Einerseits sorgt der Speichel dafür, dass sich keine Kruste bildet und das Blut flüssig bleibt. Andererseits erzeugt der Speichel den Juckreiz, den man aber erst spürt, wenn der Unhold längst wieder weggeflogen ist. Ach ja: Die Mücken-Männchen lassen uns in Ruhe und schlürfen brav Pflanzensaft und Blütennektar.

Selbst in der Nähe des Nordpols gibt es Mücken. Und was für welche! Weil der Sommer hier nur ein paar Wochen dauert und es nicht so viele Beutetiere gibt, sind die Mücken besonders angriffs-lustig. Manche Weibchen haben nur wenige Stunden Zeit, ein

Opfer zu finden, um Blut zu saufen und Eier abzulegen. Wehe dem, der in so einen Schwarm gerät!

Monster in der U-Bahn

Mücken stechen zwar auch andere Tiere, sie haben aber eine Vorliebe für Menschen. Kein Wunder, denn wir haben ja kein dickes Fell, sondern eine ziemlich dünne Haut. Wie anhänglich diese kleinen Monster sind, zeigt ein Blick in die Londoner U-Bahn. Seit ihrem Bau vor hundert Jahren hat sich dort eine neue Mückenart entwickelt. Ursprünglich zapften die Stechmücken im Untergrund nur Vögel an. Die Nachkommen haben sich aber auf Mäuse, Ratten, U-Bahn-Fahrer und Gleisarbeiter spezialisiert. Die Mücken-Larven ernähren sich anscheinend von menschlichen Hautschuppen, die in ihre Brut-Pfützen rieseln. Die U-Bahn-Mücken haben noch nie die Sonne

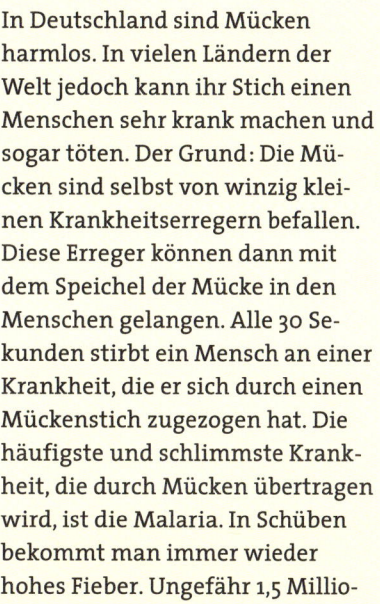

Nachgefragt

Können Moskitos tödlich sein?

In Deutschland sind Mücken harmlos. In vielen Ländern der Welt jedoch kann ihr Stich einen Menschen sehr krank machen und sogar töten. Der Grund: Die Mücken sind selbst von winzig kleinen Krankheitserregern befallen. Diese Erreger können dann mit dem Speichel der Mücke in den Menschen gelangen. Alle 30 Sekunden stirbt ein Mensch an einer Krankheit, die er sich durch einen Mückenstich zugezogen hat. Die häufigste und schlimmste Krankheit, die durch Mücken übertragen wird, ist die Malaria. In Schüben bekommt man immer wieder hohes Fieber. Ungefähr 1,5 Millionen Menschen sterben jedes Jahr daran.

gesehen! Englische Biologen haben festgestellt, dass die in der Finsternis lebende Mückenart sich mittlerweile deutlich von ihren Verwandten, die über Tage leben, unterscheidet. Mehr noch: In verschiedenen U-Bahn-Linien soll es sogar unterschiedliche «Mücken-Linien» geben.

Sosehr Mücken auch auf Menschenblut fliegen – nicht jeder wird gestochen. Mückenforscher haben herausgefunden: In jeder Gruppe mit mehr als zehn Menschen findet sich immer einer, auf den Mücken besonders abfahren. Doch warum das so ist, welche Menschen also «süßes Blut» haben, das ist noch ein Rätsel.

Während man noch nicht genau weiß, was Moskitos anlockt, kennt man jedoch eine chemische Substanz, die sie vertreibt. Das

Mit Käse gegen Mücken?

Mücken können einen Menschen auf eine Entfernung von 40 Metern riechen. Anscheinend haben sie eine Vorliebe für Schweißgeruch. Der Wissenschaftler Willem Takken aus den Niederlanden hat Riechexperimente mit den Stechinsekten durchgeführt und glaubt: Käsefüße locken Mücken an. Und da manche Schweißfüße bestimmten Käsesorten zum Verwechseln ähnlich riechen, kann man das Experiment in Sommernächten leicht zu Hause überprüfen: einen schönen Stinkekäse (Harzer Rolle oder Limburger Käse) in die Ecke des Schlafzimmers legen. Wenn man am nächsten Morgen keine Stiche hat, dann wird der Käse die Mücken wohl abgelenkt haben.

Anti-Mücken-Mittel hat einen langen Namen: *Diethyltoluolamid*, abgekürzt «Deet». Es ist in den meisten Mitteln zur Insektenabwehr enthalten. Doch wie findet man eigentlich ein Mittel gegen Mücken? Amerikanische Militärforscher haben es entdeckt. Bei Kriegen in tropischen Regionen starben nämlich viele Soldaten an Krankheiten, die von Mücken übertragen werden. Deshalb wollte man sie dringend mit einer Hautcreme gegen die Plagegeister ausrüsten. Mehr als 7000 Chemikalien haben die Militärforscher getestet. Sie schmierten die eigenen Soldaten mit den Mitteln ein und befahlen ihnen, durch mückenverseuchte Sümpfe zu marschieren. Beim anschließenden Appell wurden die Stiche gezählt. Die Soldaten, die sich mit Deet eingeschmiert hatten, konnten glücklich sein – es war die wirksamste Substanz, und sie hatten am wenigsten Stiche abbekommen.

Holzböcke im Gebüsch!

Wenn ihr im Frühjahr endlich wieder im Freien spielen könnt, freuen sich manche Tiere besonders, zum Beispiel die Zecken. Seit Monaten, mitunter sogar seit Jahren, haben sie gewartet. Die geduldigen Geschöpfe registrieren Wärmeschwankungen von wenigen Hundertstel Grad, spüren geringste Erschütterungen und wittern den Schweißgeruch des Menschen, der da nichts ahnend durch Wald und Wiesen spaziert. Mit einem Schlag sind die Zecken hellwach und lassen sich von Blättern oder Grashalmen abstreifen. Dazu reicht schon eine kurze Berührung, die nur den Bruchteil einer Sekunde dauert.

In Deutschland und Europa begegnen wir fast immer der weiblichen Schildzecke *Ixodes ricinus*. Man nennt sie auch «Waldzecke» oder «Gemeiner Holzbock». Im Unterschied etwa zur Kopflaus trinkt diese Zecke nicht nur das Blut des Menschen, sondern sie mag auch den Lebenssaft von Mäusen, Hirschen, Igeln, Pferden, Hasen und sogar Eidechsen.

Auch die Zecke beißt nicht gleich zu. Sie sucht sich in aller Ruhe ein warmes, wohl durchblutetes Plätzchen, an dem die Haut schön dünn ist. Mit ihren Mundwerkzeugen schneidet sie den Menschen an dieser Stelle gemächlich auf und treibt dann einen Stechapparat in die Tiefe, der mit Widerhaken bewehrt ist. Die Zecke schafft auf diese Weise eine Höhle, in der sich Blut, Gewebesaft und aufgelöste Zellen sammeln. Begierig trinkt sie aus der Blutlache, was 3 bis 12 Tage dauern kann. Die zuvor winzige Zecke

Mitunter wartet die Zecke jahrelang auf ihre Opfer. Elektronenmikroskoische Aufnahme bei 50facher Vergrößerung nimmt das 100- bis 200fache ihres Gewichts an Blut auf und wird so dick wie eine Feuerbohne. Wenn du das Blutsaugermobile aus der Buchmitte fertig gebastelt hast, kannst du die Größenunterschiede der Besiedler gut sehen.

Vom Schneiden, Bohren und Saugen in der Haut spürt man nichts. Die Zecke pumpt in ihrem Speichel eine betäubende Substanz in die Wunde – und das ist ein Problem. Mit dem Speichel können nämlich Krankheitserreger in den Menschen gelangen. Insgesamt übertragen Zecken mehr als 50 verschiedene Erreger. Die in Deutschland heimische Waldzecke überträgt zwei schlimme Krankheitskeime: Bestimmte Bakterien, die eine rätselhafte Entzündung der Gelenke auslösen können, befinden sich bei fast einem Drittel aller Zecken in Mitteleuropa im Speichel.

Andere Zecken übertragen Viren, die eine bestimmte Form der Gehirnhautentzündung verursachen: die so genannte *Frühsommer-Meningo-Encephalitis* (FSME). Das FSME-Virus besiedelt die Zecken aber nur in bestimmten Teilen Deutschlands. Vor allem im Süden des Landes können Zecken daher gefährlich sein. Sieben bis 14 Tage, manchmal auch bis zu 28 Tage nach dem Zeckenbiss bekommt der Erkrankte Fieber, fühlt sich müde und schlapp, hat Kopfweh und leichte Magen-Darm-Beschwerden. Diese «Sommergrippe» dauert zwei bis vier Tage. Acht Tage nach der Infektion erreicht die Krankheit bei etwa zehn Prozent der Infizierten eine zweite Phase, die viel gefährlicher ist. Die Hirnhaut oder Teile des Gehirns entzünden sich. Dann ist mit bleibenden Schäden zu rechnen. Einer unter hundert Erkrankten stirbt sogar nach dem Biss einer verseuchten Zecke!

Mit Zecken ist also nicht zu spaßen. Während und nach Aufenthalten im Freien solltet ihr euch im Sommer genauestens nach Zecken absuchen. Doch was ist zu tun, wenn man einen solchen Blutsauger auf seiner Haut entdeckt? Keinesfalls solltet ihr ihn mit Öl, Nagellack, Vaseline oder Alkohol zu betäuben versuchen. Dadurch wird der Zecke nämlich schlecht – sie speit ihren möglicherweise mit Bakterien und Viren verseuchten Mageninhalt in die Wunde. Entweder geht ihr schnurstracks zu einem Arzt oder bittet einen Erwachsenen, die Zecke mit einer Pinzette (notfalls auch mit den Fingernägeln) ganz vorne am Kopf anzupacken und herauszuziehen. Niemals solltet ihr sie quetschen oder knicken. So vermeidet ihr, dass die Erreger in die Wunde gedrückt werden.

Der beste Schutz bleibt, einer ausgehungerten Waldzecke erst gar nicht über den Weg zu laufen. Ein Ratschlag, den viele Tierfreunde ziemlich gemein finden, lautet: Auf Ausflügen ins Grüne sollte man den Hund vorausschicken!

Vorsicht, Fledermaus!

Als die Spanier vor 500 Jahren Amerika entdeckten, begegnete ihnen im Süden des Kontinents ein flatterndes Wesen, in dessen Maul messerscharfe Eck- und Schneidezähne blitzten: eine blutsaugende Fledermaus! Nachts fliegt sie lautlos auf ihre Opfer. Behutsam ritzt sie mit den Zähnen eine Wunde in die Haut. Das ausfließende Blut leckt das Flattertier mit der Zunge auf. Die

Eine Vampirfledermaus pirscht sich an

Fledermaus ist dabei so behutsam, dass der schlafende Mensch meistens nichts merkt und weiterträumt. Wenn er morgens aufwacht, verrät ihm nur eine winzige Bisswunde, dass Besuch da war …

Die Spanier nannten die von ihnen entdeckte Fledermaus «Vampirfledermaus». Der Name stammt von einem rätselhaften Fabeltier, an das damals viele Menschen in Europa glaubten. Es hieß «Vampir» und suchte die Menschen angeblich nachts heim, um ihr Blut zu trinken.

Vor allem auf dem Balkan, in der Region Transsylvanien, glaubte man an den Mythos, dass es Vampire genauso gebe wie Kühe oder Katzen. Die ganze Zeit hatten die Menschen Furcht, von einem Vampir gebissen zu werden. Über diesen Glauben gibt es viele Filme und Bücher, am bekanntesten ist die Geschichte von «Graf Dracula», die der Ire Bram Stoker 1897 schrieb.

Nach den uralten Überlieferungen sehen Vampire aus wie normale Menschen. Der einzige Unterschied: Sie sind eigentlich tot, finden in ihrem Sarg jedoch keine Ruhe. Knoblauch können sie nicht ausstehen und das Sonnenlicht ertragen sie nicht. Deshalb schlafen alle Vampire tagsüber in ihren Gräbern. Nachts klettern sie aus ihren Särgen hervor und suchen nach Opfern, denen sie den Lebenssaft aussaugen können. Sie bevorzugen Menschenblut, beißen aber auch Tiere. Vampire sehen sehr blass aus; die Haare und Nägel ihres toten Körpers wachsen weiter. Alle Menschen, die von einem Vampir gebissen wurden, werden ebenfalls zu Vampiren, sobald sie selber sterben.

Wer Vampire bekämpfen will, sollte ein paar Tricks kennen: Ein Kreuz und Weihwasser aus der Kirche jagen einem Vampir einen gehörigen Schrecken ein. Damit man einen Vampir endlich los wird und er für immer Ruhe in seinem Grab findet, muss man ihm einen Holzstock mitten in das Herz hauen. So jedenfalls steht es in den alten Büchern, und daran glaubten manche Menschen aus der Generation unserer Ur-Ur-Großeltern noch. In den Jahren 1870 und 1871 zogen aufgeregte Bauern in Pommern und Mecklenburg auf Friedhöfe und schaufelten Gräber auf, weil sie glaubten, darin würden Vampire liegen.

Doch zurück zu den richtigen Vampiren: den Vampirfledermäusen. Unter den 782 Fledermausarten, die es auf der Welt gibt, saufen nur drei Blut, und sie alle leben in Südamerika. Zwei dieser Arten trinken Vogelblut. Einzig die von den Spaniern entdeckte Fledermaus, die übrigens auch «Gemeiner Vampir» heißt, schleckt manchmal Menschenblut. Meistens jedoch trinken die Vampirfledermäuse an Rindern, Pferden, Ziegen, Hunden, Schweinen, Hühnern und Wasserbüffeln. Große Tiere werden bevorzugt – die merken nämlich nicht so leicht, dass sie angezapft werden.

Die Vampirfledermaus ist die größte Art im Lebensraum Mensch. Sie misst sechs bis neun Zentimeter und ist damit so lang wie

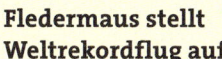

der Finger eines erwachsenen Menschen. Wenn sie die Flügel ausbreitet, beträgt ihre Spannweite 30 bis 35 Zentimeter. Die Fledermäuse in Deutschland sind übrigens von ähnlicher Größe. Jede Nacht muss die Vampirfledermaus mindestens die Hälfte ihres Gewichts an Blut trinken: 30 Milliliter oder mehr. Wenn sie zwei

Nächte hintereinander keine Nahrung findet, muss sie elendig verhungern. Allerdings helfen sich die Vampire gegenseitig: Wer in der Nacht besonders viel Blut gefunden hat, gibt seinen hungrigen Artgenossen etwas ab.

Meistens merkt das Opfer nichts, wenn die Fledermaus nachts kommt. Kein Wunder: Sie besitzt an Handgelenken und Fußsohlen kleine weiche Hautpolster, mit denen sie ganz vorsichtig aufsetzt und über den Boden schleicht. Den schlafenden Menschen beißt sie in Finger- und Zehenspitzen, Ohren, Lippen und Nase. Abgesehen vom Blutverlust ist der Biss eigentlich ungefährlich. Allerdings übertragen viele Fledermäuse leider den Erreger der Tollwut. Das ist nicht nur für den Menschen eine sehr gefährliche Krankheit. Viele Kühe sind in Südamerika schon gestorben, weil sie von einer tollwutinfizierten Fledermaus gebissen wurden.

Obwohl die Wahrscheinlichkeit sehr gering ist: Wer in Südamerika Urlaub macht, sollte lieber vorsichtig sein! Denn immer wieder einmal schlagen die Flatterwesen zu. In den Bergen des Landes Peru haben sie vor kurzem 76 Menschen gebissen. Die Blutsauger flogen nachts in die Hütten und nuckelten an Zehen und Fingern der schlafenden Menschen.

Heilsame Fresssäcke

Die eigentlich erfreuliche Geschichte vom Blutegel beginnt mit einem traurigen Kapitel: An einem Augusttag vor einigen Jahren fiel ein Schäferhund einen fünf Jahre alten Jungen in Amerika an und biss ihm das rechte Ohr ab. Im Krankenhaus wurde es ihm zwar sofort wieder angenäht, doch auch nach vier Tagen war das Ohr noch nicht wieder richtig angewachsen. Aus dem Körper des Jungen strömte Blut in das Ohr, wo es sich staute. Je mehr Blut in das Ohr floss, desto dicker und blauer wurde es. Die Ärzte waren ratlos. Irgendwie musste das Blut schleunigst aus dem Ohr – nur wie?

Da kam dem Professor, der den Jungen operiert hatte, eine ungewöhnliche Idee. Er setzte einige hungrige Blutegel auf das Ohr. Und tatsächlich: Die Würmer saugten sehr fleißig. Während sie immer dicker wurden, wurde das Ohr dünner – und konnte in Ruhe anwachsen. Bald leuchtete es rosig. Der Junge durfte sich freuen. Sein Ohr wuchs wieder an, und die Wunde heilte – dank der Blutegel!

Saugen statt greifen?

Blutegel haben zwei Saugnäpfe – hinten und vorne – und befinden sich damit in bester Gesellschaft. Denn auch Riesentintenfische, Fliegen oder etwa Frösche besitzen Saugnäpfe, mit denen sie sich auf glatten Oberflächen festhalten und fortbewegen können. Manche Insekten können mit Saugnäpfen unter der Decke spazieren, ohne in die Tiefe zu plumpsen. Das Prinzip des Saugnapfs findet ihr nicht nur in der Natur, sondern auch in Fabriken, Werkstätten und Haushalten wimmelt es von Saugnäpfen. Sie kleben den Handtuchhalter gegen die Fliesenwand oder heben schwere Lasten in die Höhe. Das Prinzip ist immer gleich: Zwischen dem Napf und der Fläche ist ein Hohlraum, aus dem die Luft herausgepresst wird. Durch den Unterdruck entsteht eine Saugkraft, die festhält.

Der «Medizinische Blutegel»: Mit dem großen Saugnapf bewegt er sich vorwärts, mit dem Mund am kleinen Saugnapf beißt er zu

Blutegel als Retter in der Not

Die hungrigen Saugwürmer gehören zu den nützlichsten Geschöpfen in der Umwelt des Menschen. Aber leider ist der Egel in Deutschland heute sehr selten und so gut wie ausgestorben. Das war vor 150 Jahren noch ganz anders. Überall auf dem Land in Badeweihern und Fischteichen kamen die fleischigen Blutegel vor. Damals verwendete man sie ganz selbstverständlich in der Heilkunde. Deshalb gab man ihnen den Namen *Hirudino medicinalis*, das heißt auf Deutsch: Medizinischer Blutegel. Die Tiere wurden allerdings nicht bei kniffeligen Operationen eingesetzt (damals konnte man noch keine Ohren wieder annähen), sondern einfach so an den Körper gesetzt. Man glaubte, die Blutegel saugten «schlechte» Bestandteile des Blutes aus dem Körper und ließen

Ein Blutegel, der sich an einer Scheibe festgesaugt hat

die guten in ihm zurück. Das behaupteten damals die Quacksalber und Wunderheiler, welche die blutrünstigen Würmer verkauften und den Patienten auf die Haut setzten.

Die Egel waren zufrieden: Sie besoffen sich regelrecht am Blut von Millionen Patienten. Der Verlust an Lebenssaft, der so genannte Aderlass, sollte gegen Traurigkeit, Fettleibigkeit und Entzündungen helfen. In Frankreich wurden in Spitzenjahren 32 Millionen der kleinen Bestien verbraucht.

In Deutschland wateten Egelfänger mit nackten Beinen durch Teiche und Bäche, sodass die gierigen Geschöpfe anbeißen konnten. Ein Mensch konnte aus einem guten Tümpel 2500 Egel ernten. Im Jahre 1824 wurden in einer einzigen Ladung fünf Millionen Blutegel von Deutschland nach England verschifft.

Die Farm der Säufer

Weil die Menschen mehr Egel einfingen, als neue geboren wurden, waren die Tiere in Deutschland bald sehr selten. Außerdem wurden in den vergangenen Jahrzehnten immer mehr Bäche zerstört und Moore sowie Sümpfe trockengelegt. Dadurch verlor der Egel seine natürliche Heimat. Diejenigen Egel, die man heute in der Medizin einsetzt, stammen nicht aus der freien Wildbahn, sondern werden in speziellen «Egelfarmen» gezüchtet.

Doch warum genau sind Egel manchmal Retter in der Not? Beim Wiederansetzen von Fingern, Zehen, Nasen oder Gewebestücken müssen die Chirurgen die vielen Gefäße, durch die das

Nachgefragt

Wie kriege ich einen Egel?

Wer einen Blutegel in der freien Wildbahn sehen möchte, der muss schon sehr viel Glück haben. Die Saugwürmer sind bei uns fast ausgestorben, doch in Ungarn und in der Türkei sind sie noch häufig. Am bequemsten kriegt man einen Blutegel allerdings aus der Apotheke. Sie kosten ungefähr zehn Mark (fünf Euro) pro Stück. Der Apotheker bekommt die Egel von einem Züchter. Eine Egelfarm in dem Dorf Hendy in Wales hat mehr als 50 000 Tiere vorrätig und schickt sie zu Notfällen in alle Welt. Die Zuchtegel bekommen in Wursthäute gefülltes Schweineblut, werden aber nur alle sechs Monate gefüttert. In Hessen gibt es eine Egelfarm, die Tiere züchtet und verschickt – bis zu 80 000 im Jahr! «Gebrauchte» Egel werden zurückgenommen und bekommen in einem alten Fischteich ihr Gnadenbrot.

Kann man aus Egeln Computer bauen?

Nicht nur Ärzte können Blutegel gut gebrauchen. Forscher in Amerika haben aus Egeln einen «lebenden Computer» entwickelt. Der arbeitet mit Nervensträngen von Blutegeln und kann bereits einfache Rechenaufgaben lösen. Die Tüftler haben dazu lebende Nervenzellen von Blutegeln mit elektronischen Bauteilen aus Silizium verbunden und so mit einem herkömmlichen Computer verknüpft. Die zusammengeschalteten biologischen Elemente hätten dann simple Rechenaufgaben bewältigt. In einigen Jahren werde es Rechner aus biologischem Material geben, hoffen die amerikanischen Forscher: «Ideal wäre ein Computer, der sich wie ein Gehirn verhält.»

Blut fließt, alle vorsichtig miteinander vernähen, und zwar unter dem Mikroskop. Die dicken Arterien, in denen das frische, sauerstoffreiche Blut strömt, lassen sich meist ohne größere Probleme miteinander verbinden. Die feinen Venen, in denen das verbrauchte, sauerstoffarme Blut fließt, sind empfindlicher und lassen sich schwieriger miteinander vernähen. Sie verstopfen schnell. Die Folge: Durch die Arterien fließt viel Blut in den angenähten Körperteil, aber es kann nicht wieder abfließen. Das angenähte Gewebe schwillt an und drückt jetzt zusätzlich auf die schwachen Venen: Der Abfluss wird noch schlechter. In der bedrohlichen Situation kann man Medikamente geben, die das Blut flüssig machen. Sie helfen aber nicht immer. Oder man kann mit einer spitzen Kanüle direkt in das geschwollene Gewebe piksen oder es mit scharfen Skalpellen anritzen. Doch nach kurzer Zeit bildet sich eine Blutkruste.

In solch brenzligen Situationen kann der Biss des Egels den Druck aus dem operierten Körperteil nehmen – ungefähr so, wie das pfeifende Ventil auf dem Wasserkessel den Dampfdruck reguliert. In der Bisswunde entsteht keine Blutkruste, weil der Speichel des Egels eine Substanz enthält, die verhindert, dass Blut an der Wunde gerinnt. Wenn der Egel das überschüssige Blut getrunken hat, können sich die Venen in aller Ruhe in dem Gewebe neu bilden. Von außen sieht man, wie die Haut wieder in einem gesunden Rosa schimmert.

Kreissägen im Maul

Die dunklen Saugwürmer mögen zwar bedrohlich und ein wenig eklig aussehen, Angst braucht ihr aber nicht vor ihnen zu haben: Ihre Bisse tun überhaupt nicht weh. Das ist eigentlich gar nicht so erstaunlich, wenn man bedenkt, dass der Blutegel in der freien Wildbahn von seinen Opfern ja nicht bemerkt werden darf. Deshalb geben die listigen Sauger beim Beißen eine betäubende Substanz in die Wunde. Diese Substanz wirkt so gut, dass der Mensch gar nicht merkt, wenn der Egel zuschlägt. Und das, obwohl er in seinem Schlund drei Kieferplatten trägt, die aussehen wie Kreissägen. Jede der drei Sägen hat 60 bis 100 scharfe winzig kleine Zähnchen.

Beim Fressen presst der Egel seine Kiefer auf die Haut und schneidet mit den Kreissägen ein. Bis zu 15 Milliliter Blut pumpt er in seinen speziellen Magen, der aus zahlreichen so genannten Magenblindsäcken besteht. Nach ungefähr zwanzig Minuten ist der Egel satt und lässt sich träge abfallen. Aus der Bissstelle, die aussieht wie ein Mercedesstern, blutet es noch eine Weile weiter.

Die Substanz im Egelspeichel, die die Gerinnung des Blutes hemmt, heißt *Hirudin*. Sie hält übrigens das Blut auch im Innern des Wurms flüssig und verhindert auf diese Weise, dass der Egel starr und hart wird wie eine Kruste aus geronnenem Blut. Hirudin ist ein begehrtes Arzneimittel. Einerseits gibt man den Egelstoff bestimmten kranken Menschen, um zu verhindern, dass sich in ihren Blutgefäßen gefährliche Pfropfen bilden. Andererseits hof-

Nachgefragt

Insektenrezepte aus der Hexenküche

Der Einsatz von Insekten als Arzneimittel ist uralt. Im Jahre 1743 verschrieb ein englischer Arzt Pulver aus Bienen gegen Haarausfall. Andere Gelehrte empfahlen Heuschrecken gegen Halsweh und Ohrenschmerzen. Ameisen wiederum sollten Taubheit, Bandwürmer oder etwa die Krätze vertreiben. In der chinesischen Heilkunst soll man Bettwanzen mit gekochtem Reis gründlich zerstampfen und auf Wunden auftragen. Das klingt zwar sehr absonderlich, könnte aber helfen. Denn das Blut von Insekten, die so genannte Hämolymphe, wirkt tatsächlich gegen Bakterien. Dennoch sind die meisten Insekten-Rezepte ohne Wirkung und ziemlich widerlich. Angeblich wohnen im Süden von Amerika Menschen, die ihren kranken Kindern als Arzneimittel eine Suppe aus Kakerlaken vorsetzen – pfui Spinne!

fen die Ärzte, in Zukunft auch Patienten, deren Herz krank ist, helfen zu können. Bei diesen Menschen sind die Blutgefäße, die den Herzmuskel mit frischem Blut versorgen, zu eng. Im Laufe des Lebens können sich bestimmte Stoffe in den Gefäßen ablagern, die daraufhin noch enger werden.

Ihr könnt die Krankheit mit einem alten Wasserrohr vergleichen, in dem sich immer mehr Kalk absetzt, bis es eines Tages total verstopft ist. Wenn so etwas mit einem Blutgefäß passiert, welches das Herz versorgt, dann besteht Lebensgefahr. Der Herzmuskel braucht nämlich die ganze Zeit frisches Blut. Wird die Zufuhr aber durch einen Verschluss unterbrochen, dann hört die Lebenspumpe auf zu schlagen – das ist dann der berüchtigte Herzinfarkt, an dem man sterben kann.

Die Egelsubstanz Hirudin kann anscheinend verhindern, dass es so weit kommt. Ärzte haben nun das Hirudin an Tausenden von herzkranken Menschen getestet und Hinweise gefunden, dass es das Blut flüssig hält und auf diese Weise die Entstehung der gefährlichen Blutpfropfen hemmen kann. Wer weiß: Vielleicht rettet der kleine Blutegel eines Tages ja nicht nur die Finger oder Ohren, sondern auch die Herzen der Menschen?

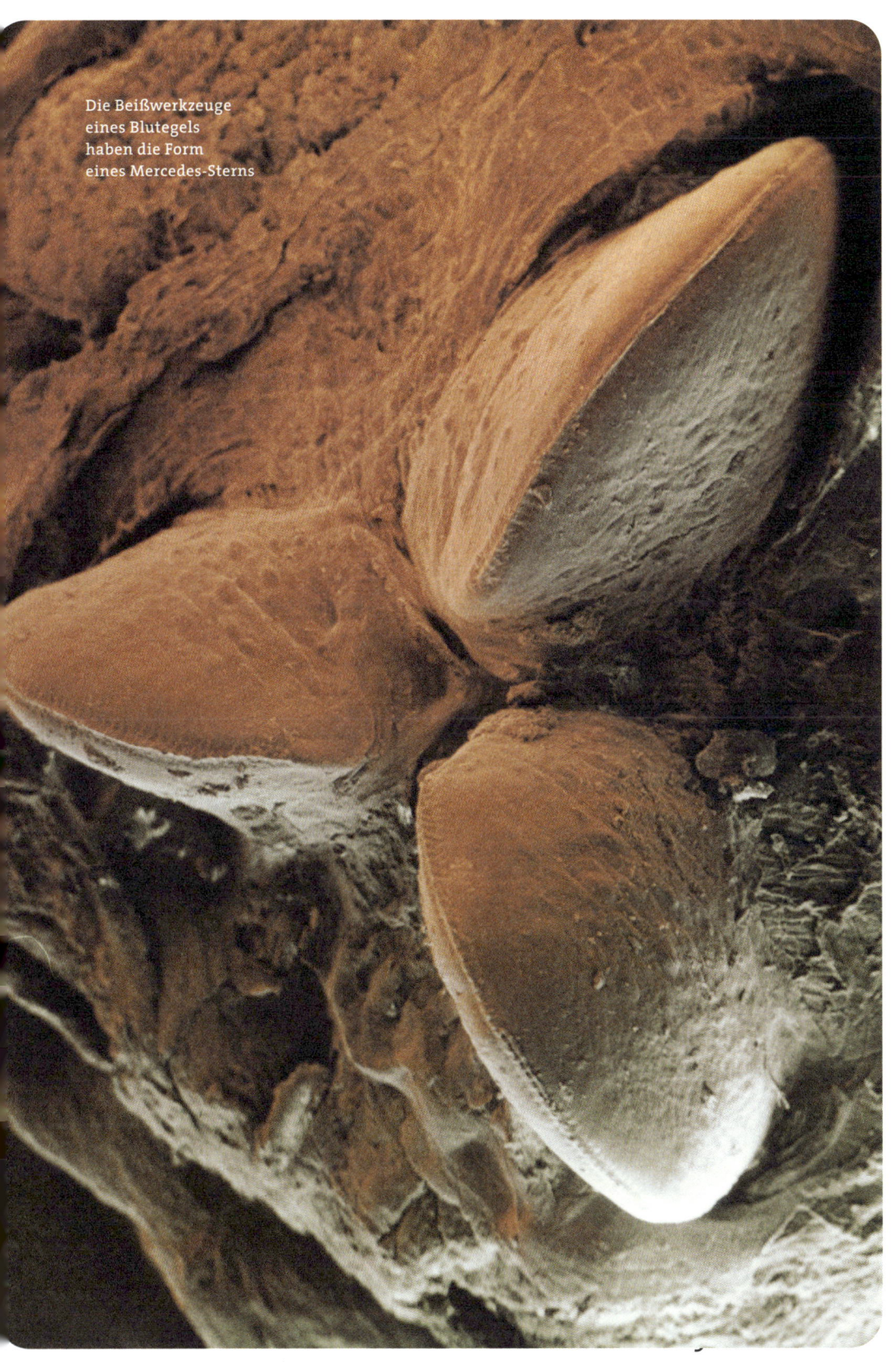

Die Beißwerkzeuge
eines Blutegels
haben die Form
eines Mercedes-Sterns

Eine bunte Bakterienmischung, blau und grün gefärbt, aus dem Mund des Menschen

Teil 3 Geheimnisvolle Erreger

Krankmacher und Killerkeime

Der Körper des Menschen ist für Kleinstlebewesen ein Schlaraffenland: Nahrhafte Sekrete, köstliches Blut und eine angenehme Temperatur von bis zu 37 Grad lassen die Keime prächtig gedeihen. Doch leider fühlen sich von den günstigen Lebensbedingungen auch Mikroben angezogen, die äußerst garstig sind. Im Riesenreich der kleinsten Lebewesen tummeln sich nämlich ein paar hundert Arten von Unholden, denen ihr lieber aus dem Weg gehen solltet. Die weit verbreiteten Rhinoviren beispielsweise nisten in der Nase und verursachen den lästigen Schnupfen. Insgesamt gibt es mehr als 200 verschiedene Erkältungsviren. Sie vermehren sich am besten in der Nase und im Rachen. Kälte macht also gar keine Erkältung. Dicke Unterwäsche und warme Schuhe verhindern nicht, dass ihr euch anstecken könnt. Das haben Experimente mit amerikanischen Matrosen bewiesen, die durch eiskaltes Wasser schwimmen mussten. So schlimm das auch war, einen Schnupfen holten sich nur die wenigsten von ihnen.

Das Schnupfenvirus schillert bunt durch verschiedene Färbemethoden

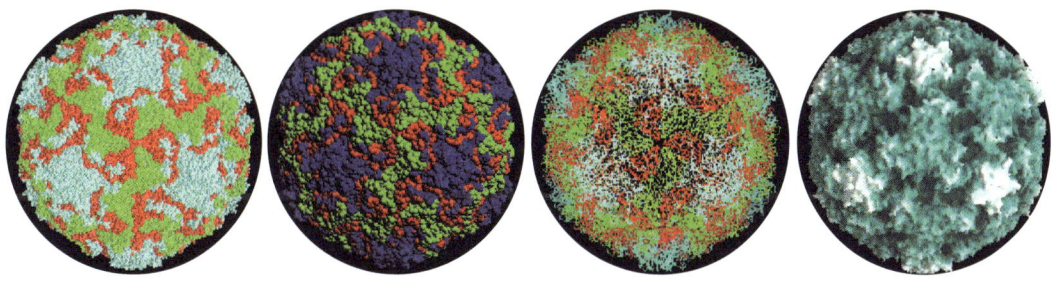

Quälgeister in der Nase

Die Bezeichnung «Erkältung» ist also eigentlich falsch. Doch warum häufen sich dann in Europa die Erkältungskrankheiten im Herbst? Eine Erklärung der Schnupfenforscher lautet: Vermutlich können die Schnupfenviren in der feuchten Herbst- und Winterluft besser überleben.

Andere Krankheitserreger sind noch viel schlimmer: Sie haben unter den Menschen mehr Opfer gefordert als alle Kriege, Erdbeben, Vulkanausbrüche und Unwetter zusammen. In den reichen Ländern wie Deutschland haben sauberes Wasser, Spülklosetts, Desinfektionsmittel, Hygienemaßnahmen und wirksame Medikamente wie das *Penizillin* die gefährlichen Keime zwar zurückgedrängt. Doch weltweit sind Infektionskrankheiten noch immer die Todesursache Nummer eins. Die durch Bakterien ausgelöste Pest, die im Mittelalter ein Drittel der Einwohner Europas dahingerafft hatte, wurde durch andere Seuchen abgelöst. Sie wüten vor allem in den armen Ländern Afrikas, Amerikas und Asiens.

Berühmte Leute

Der Killer der Bakterien

Der schottische Forscher Alexander Fleming beobachtete 1929 Sonderbares in seinem Labor: Schimmelpilze der Gattung *Penicillium* können Bakterien abtöten. Das gelingt ihnen, indem sie den Aufbau der Zellwand bei den krankmachenden Bakterien verhindern. Mittlerweile haben Chemiker eine Reihe ähnlicher Substanzen entwickelt, die ähnlich wirken: die so genannten «Antibiotika».
Das Schöne: Menschliche Zellen werden durch Antibiotika nicht geschädigt. Das Schlechte: Immer mehr Bakterien entwickeln Abwehrmechanismen gegen Antibiotika und werden widerstandsfähig gegen sie. Und leider wirken Antibiotika nicht gegen Viren.

Die Hitliste der Unholde

Die Weltgesundheitsorganisation (WHO) hat unlängst eine Liste der zehn gefährlichsten Erreger der Welt veröffentlicht: Sie wird angeführt vom Pfeiffer-Bazillus (*Haemophilus influenza*) und mit ihm verwandten Bakterien. Allein 1997 starben Millionen von Menschen an diesen Erregern, die die Atemwege entzünden. Fast drei Millionen Menschen erlagen dem Tuberkulose-Erreger, der

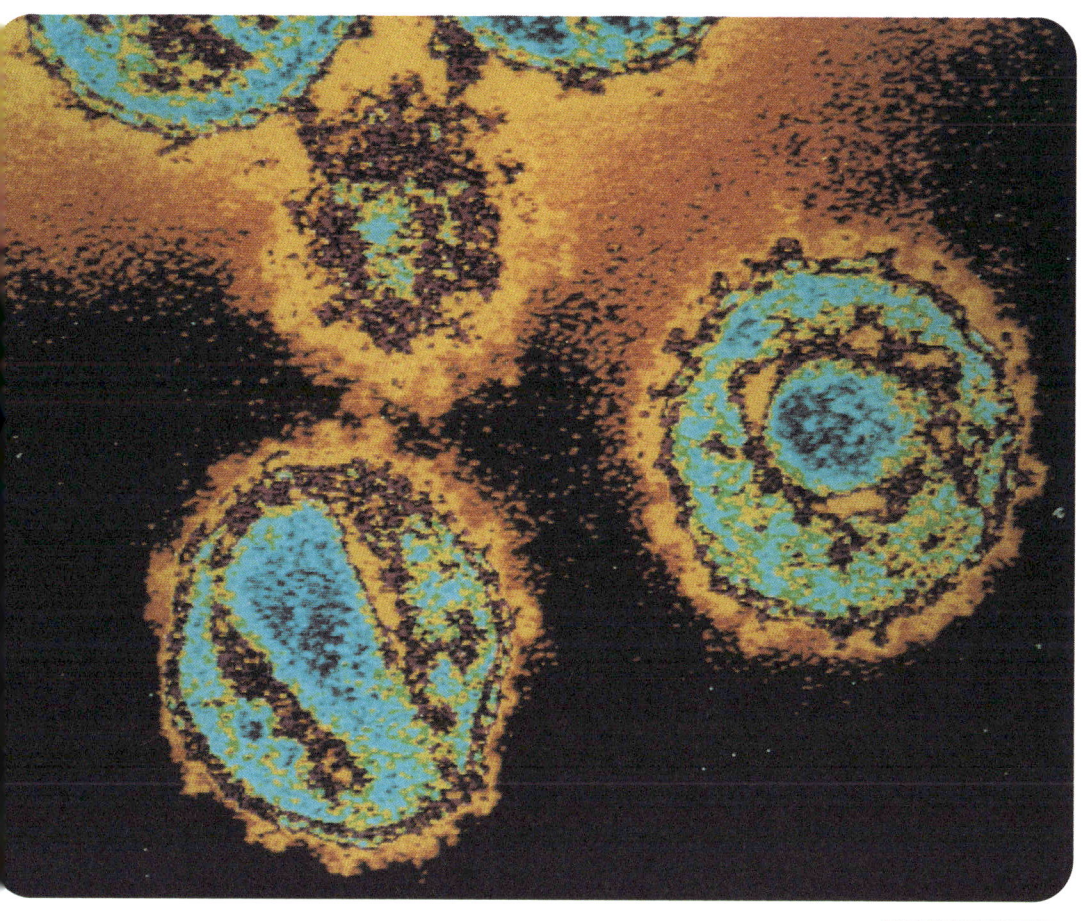

HI-Viren bewirken die Immun-Schwäche Aids und töten jedes Jahr Millionen von Menschen auf der Welt (REM-Aufnahme)

die Lunge zerstört. Auch die berüchtigte Cholera ist längst nicht besiegt: Dieser durch Bakterien ausgelöste Durchfall nimmt auf der Liste einen traurigen dritten Platz ein. Dann folgt das HI-Virus: Der Auslöser der Immunschwäche Aids ist laut WHO 1997 ungefähr 2,3 Millionen Menschen zum Verhängnis geworden.

Vor allem in Schwarzafrika tobt das Virus; hier findet es den größten Teil der Opfer. Es folgen Malaria, Masern, Hepatitis-B-Virus (Leberentzündung), Keuchhusten, Wundstarrkrampf und schließlich das so genannte Denguefieber. Das krankmachende Virus wird von Stechmücken übertragen.

Nachgefragt

Warum müssen wir niesen?

Jeder Mensch hat einen Niesreflex. Wenn störende Fremdkörper, beispielsweise Pfeffer, Viren oder nur Sonnenstrahlen seine Nase kitzeln, muss er kräftig niesen. Und mit dem «Hatschi» bläst er eine unsichtbare Wolke von Tröpfchen meterweit durch die Gegend. Genau das gefällt den Viren. Denn sie stecken in den fliegenden Tröpfchen und werden auf diese Weise zu einem neuen Menschen katapultiert, den sie dann anstecken können.

Man kann also sagen, dass die Menschheit ihre größten Feinde Abertausende von Jahren nicht wahrnahm, weil sie so unvorstellbar klein sind. Erst die Erfindung des Mikroskops brachte Licht in das Schattenreich der Kleinstlebewesen; erst in den letzten hundert Jahren haben Forscher entdeckt, warum manche der Winzlinge so gefährlich sind.

Giftspritzer und Eindringlinge

Häufig machen die Erreger uns krank, weil sie Gifte (*Toxine*) herstellen, die unserem Körper schaden. Beim Wundstarrkrampf (*Tetanus*) ist das zum Beispiel so: Wenn eine bestimmte Bakterienart, die eigentlich im Erdreich und im Straßenstaub lebt, in eine Wunde gerät und dort wächst, kann das tödlich enden. Denn die Bakterien verströmen eine giftige Substanz (*Tetanus-Toxin*), die unsere Nervenzellen blockiert und auf diese Weise zu Lähmungen führt. Wenn die Muskulatur für die Atmung betroffen ist, dann kann der Mensch ersticken. In Deutschland werden Babys gegen den Erreger des Wundstarrkrampfes geimpft.

Andere Mikroben schaden uns, weil sie wie Invasoren in Gewebe und Zellen des Körpers eindringen. Sie vermehren sich rasend schnell, rauben uns Energie und Nährstoffe und zerstören die befallenen Zellen. Besonders angriffslustige Krankheitserreger können beides: Sie versprühen Gifte *und* dringen in die Zellen ein. Manchmal tauschen Bakterien ihre schädlichen Eigenschaften sogar untereinander aus: Neuartige Keime entstehen. Zudem wimmelt es in der Umwelt nur so von Erregern, die man noch gar nicht entdeckt hat.

Der amerikanische Mikrobenjäger David Relman fahndet mit den allerneuesten Methoden nach diesen rätselhaften Krankmachern. In einem einzigartigen Projekt mit dem Namen «Arbeitsgruppe für unerklärliche Todesfälle» geht er mit Kollegen seltsamen Todesursachen nach und sucht auf Leichen nach unbekannten Erregern. Die Arbeit der Seuchen-Detektive hat Erschreckendes ergeben: Rund 200 neue Mikroben haben sie vermutlich entdeckt.

Rätselhafter Rinderwahn

Eine Sorte völlig neuartiger Erreger ist erst vor wenigen Jahren hinzugekommen: die so genannten *Prionen*. Diese geheimnisumwitterten Eiweißkörper stecken im Gehirn von Menschen und Tieren und können zwei Formen haben: «gut» oder «böse». Das Prion ändert seine anfangs harmlose Gestalt wie ein Regenschirm, der bei heftigem Sturm umklappt. Doch wenn das erste Prion umgeklappt ist, nehmen bald auch benachbarte Prionen die «böse» Gestalt an. Es ist eine unheilvolle Kettenreaktion, die das Gehirn zerstört. Die Prionen bilden eine Art tödlicher Schlacke im Denkorgan. Das Gewebe stirbt ab und sieht dann aus wie ein löchriger Badeschwamm. Bei Menschen («Creutzfeld-Jakob-Krankheit») und Rindern («Rinderwahnsinn», «BSE») entstehen ganz ähnliche Löcher im Gehirn. Die Krankheiten sind völlig rätselhaft: Man weiß noch nicht, warum und wie Prione übertragen werden. Allerdings befürchten Forscher, dass die merkwürdigen Keime durch Fleisch und

Zahlen & Rekorde

Was ist das giftigste Gift der Welt?

Das so genannte Botulinus-Toxin wird in einem bestimmten Bakterium (*Clostridium botulinum*) hergestellt und ist die giftigste bekannte Substanz auf der Welt. Ein Milligramm des Giftes würde ausreichen, um mehr als eine Million Meerschweinchen zu töten. Ein trauriger Vergleich!

Nachgefragt

Was ist eigentlich der Rinderwahnsinn BSE?

BSE ist die Abkürzung für einen wissenschaftlichen Begriff, der einem die Zunge verrenkt. Ihr könnt es ja einmal versuchen: *Bovine spongiforme Enzephalopathie*. Auf Deutsch heißt das: Schwammartige («spongiforme») Zerstörung der Hirnsubstanz («Enzephalopathie») von Rindern («bovin»). Bei dem Leiden zerstören winzige Erreger das Gehirn, das dann löchrig wird wie ein Schwamm. Die Rinder torkeln und werden verrückt – der «Rinderwahnsinn» bricht aus.

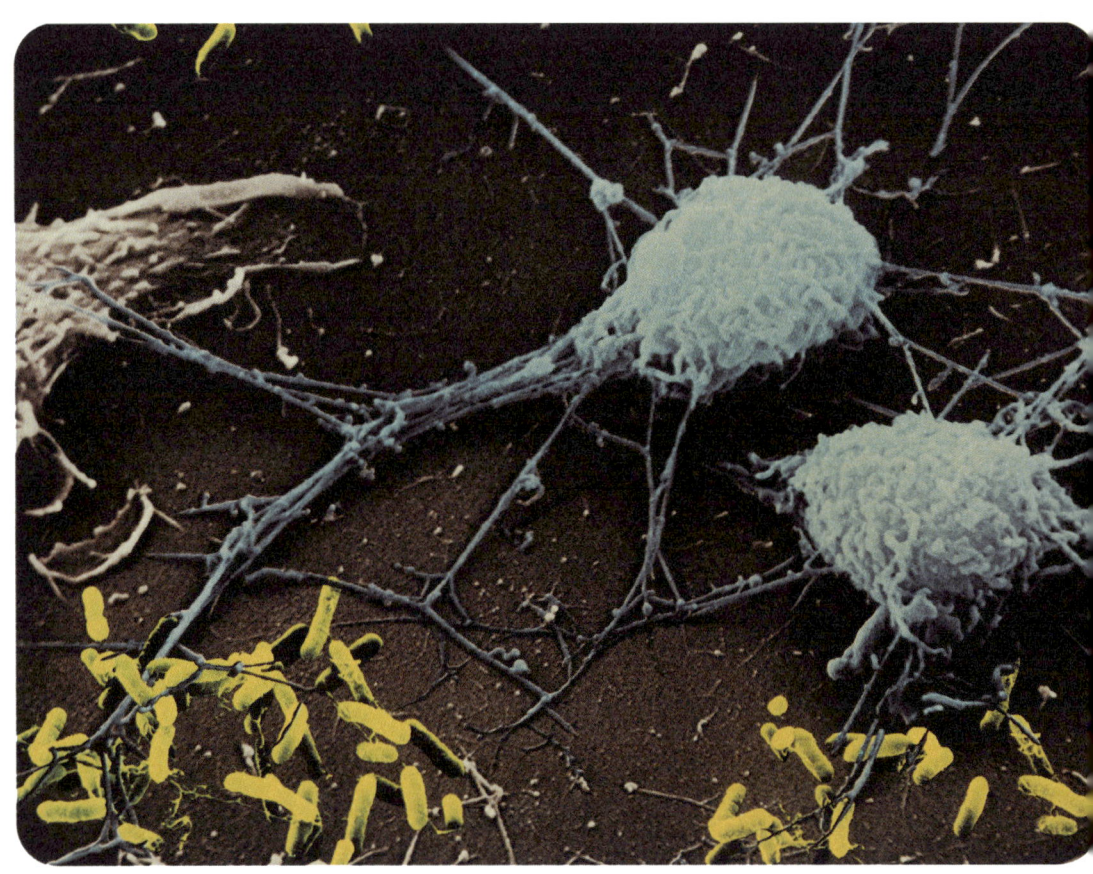

Knochen BSE-kranker Rindviecher auf den Menschen übertragen werden können. Viele Menschen sind deshalb sehr verängstigt und essen im Augenblick lieber kein Rindfleisch.

Gut, dass es die Abwehr gibt!

Das körpereigene Abwehrsystem schützt euch vor gefährlichen Keimen. Im menschlichen Abwehrsystem arbeiten Organe, Zellen, Botenstoffe und andere Bestandteile auf eine sehr komplizierte Weise zusammen. Das Ergebnis ist so erstaunlich wie bewundernswert: Der gesunde Körper des Menschen erkennt Viren, Bak-

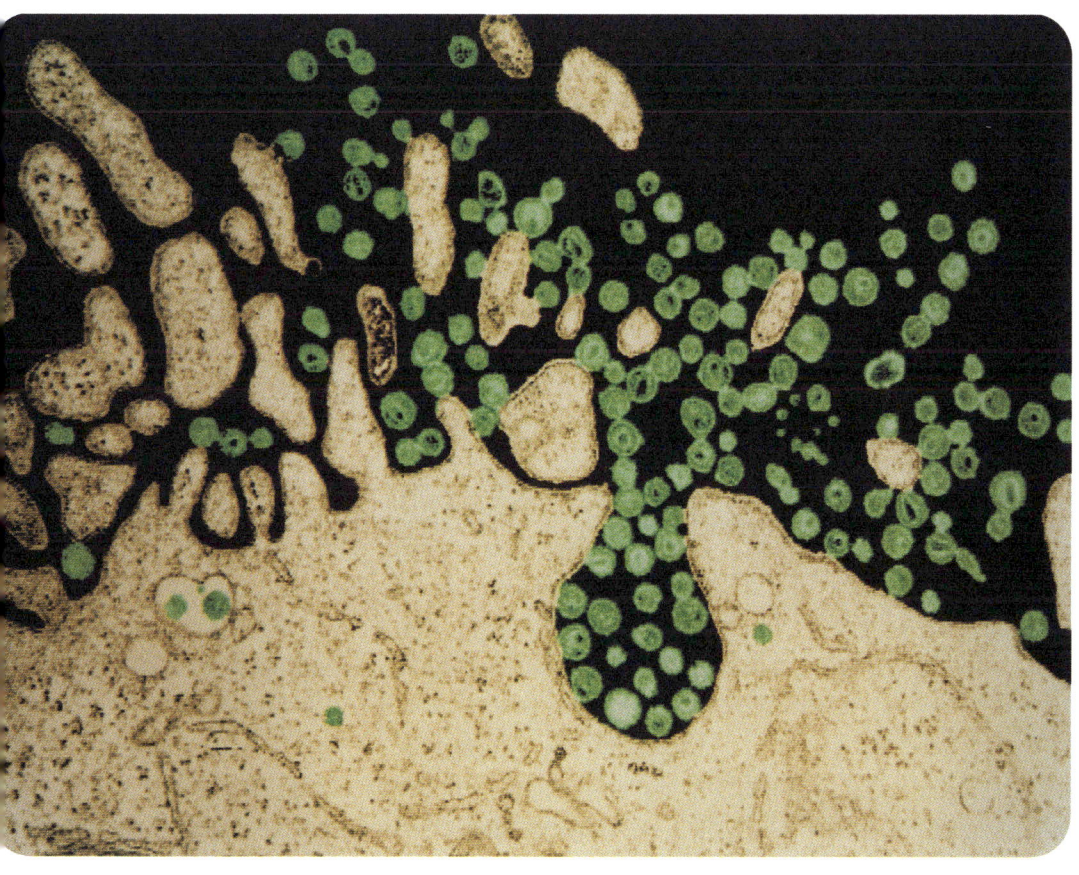

terien und kleine Tierchen, die in seinen Körper gelangen, als «fremd» und bekämpft sie mit einer Vielzahl von Waffen. Beispielsweise mit körpereigenen Fresszellen, die eingedrungene Bakterien einfach verschlingen. Unsere «guten» Mikroben, zu denen auch die Bakterien im Darm gehören, werden jedoch in Ruhe gelassen.

Darüber hinaus hat unser Abwehrsystem ein unglaublich gutes Gedächtnis: Es kann sich nämlich über viele Jahre, ja manchmal für den Rest des Lebens merken, wie ein Krankheitserreger aussieht und wie man ihm am besten den Garaus macht. Auf diese Weise kann es besonders schnell und gründlich zuschlagen, wenn

Aids – was passiert mit unserem Abwehrsystem?

Das HI-Virus ist der erste bekannte Erreger, der gezielt Abwehrzellen im Körper angreift und zerstört. Auf diese Weise löst HIV die berüchtigte Immunschwäche «Aids» aus . Die Betroffenen sind in der Folge allen krankmachenden Mikroorganismen, die in der Umwelt leben, schutzlos ausgeliefert und können an diesen Infektionen sterben.

Warum kriegen wir Fieber?

Wenn Krankheitserreger einen Menschen befallen haben, steigt oft die Körpertemperatur: Man hat Fieber. Viele Ärzte halten das für einen ausgeklügelten Abwehrmechanismus. Denn die erhöhte Temperatur hemmt das Wachstum der Eindringlinge. Eidechsen wissen das auch. Bei einer Infektion kriechen sie zu einem warmen Plätzchen, um ihre Körpertemperatur um etwa zwei Grad anzuheben.

ein bestimmter Krankheitskeim nochmals in den Körper vordringen will. Dazu ein Beispiel: Wer zu Beginn des Winters einen Schnupfenvirus erfolgreich bekämpft, ist für den Rest des Winters vor diesem bestimmten Virus gut geschützt. Ein trainiertes Abwehrsystem kennt also die meisten Erreger, die sich in der vertrauten Umgebung und in der Nahrung tummeln.

Wehe aber, ihr geratet an Keime, die euer Abwehrsystem noch nicht kennt! In südlichen Ländern passiert einem das häufiger, und vielleicht habt ihr es schon einmal selbst erlebt. Bestimmte Bakterien bescheren dem Touristen einen ordentlichen «Dünnpfiff». Die Einheimischen bleiben dagegen gesund, weil ihre Abwehrsysteme die Keime in ihrer Heimat kennen und in Schach halten.

Umgekehrt können natürlich auch Bakterien, die in Europa völlig normal sind, andere Menschen mit üblen Krankheiten anstecken. So erging es den Azteken und Inkas, als im 16. Jahrhundert die spanischen Eroberer zu ihnen nach Lateinamerika vordrangen und massenweise Viren und Bakterien mitbrachten. Diese «spanischen Keime» töteten vermutlich 95 Prozent der indianischen Ureinwohner: Gegen die aus Europa eingeschleppten Keime besaßen die Ärmsten einfach keine Abwehrkräfte.

Ihr seid bestimmt schon einmal geimpft worden. Hier erfahrt ihr, wie es funktioniert: Die «Merkfähigkeit» der körpereigenen Abwehr ist die Grundlage für die Schutzimpfungen. Es gibt zwei Sorten von Impfung. Entweder man benutzt lebende Krankheitserreger, die durch eine ganz spezielle Zucht und Auslese ihre krankmachenden Eigenschaften verloren haben. Oder man nimmt abgetötete Erreger oder Teile von ihnen als Impfstoff. Das Prinzip ist ganz einfach: Im Körper des Menschen richten die geimpften Erreger keinen Schaden an. Allerdings lernt die körpereigene Abwehr, wie man sie erkennt, und wird auf diese Weise «immun». Falls man sich nach solch einer Impfung tatsächlich mit einem «wild lebenden» Krankheitserreger ansteckt, dann kann die körpereigene Abwehr ihn schnell und wirksam bekämpfen. Ein weiterer Vorteil ist: Wenn

sich alle gegen einen bestimmten Keim impfen lassen, dann kann der sich nicht mehr verbreiten und stirbt aus. Die tödlichen Pocken-Erreger wurden so bereits in Deutschland ausgerottet.

In Deutschland gibt es eine Reihe von Standardimpfungen*, die für Kinder, aber auch für Erwachsene dringend empfohlen werden. Wisst ihr überhaupt, gegen welche winzigen Erreger ihr geimpft seid? Sie haben teilweise komische Namen und stehen in eurem Impfpass. Welche Krankheiten sie auslösen, erfahrt ihr aus der folgenden Übersicht:

Die **Diphtherie** wird durch ein giftiges Bakterium (*Corynebacterium diphtheriae*) ausgelöst. Das Gift zerstört Körperzellen und kann zum Tod führen.

Der **Wundstarrkrampf** (*Tetanus*) wird ebenfalls durch ein giftiges Bakterium (*Clostridium tetani*) verursacht. Wie bereits erwähnt, lebt der kleine Unhold in Erdreich und Straßenstaub

---

* Die aufgeführten Krankheiten gehen zurück auf Empfehlungen der Ständigen Impfkommission am Robert-Koch-Institut (Stand Januar 2000).

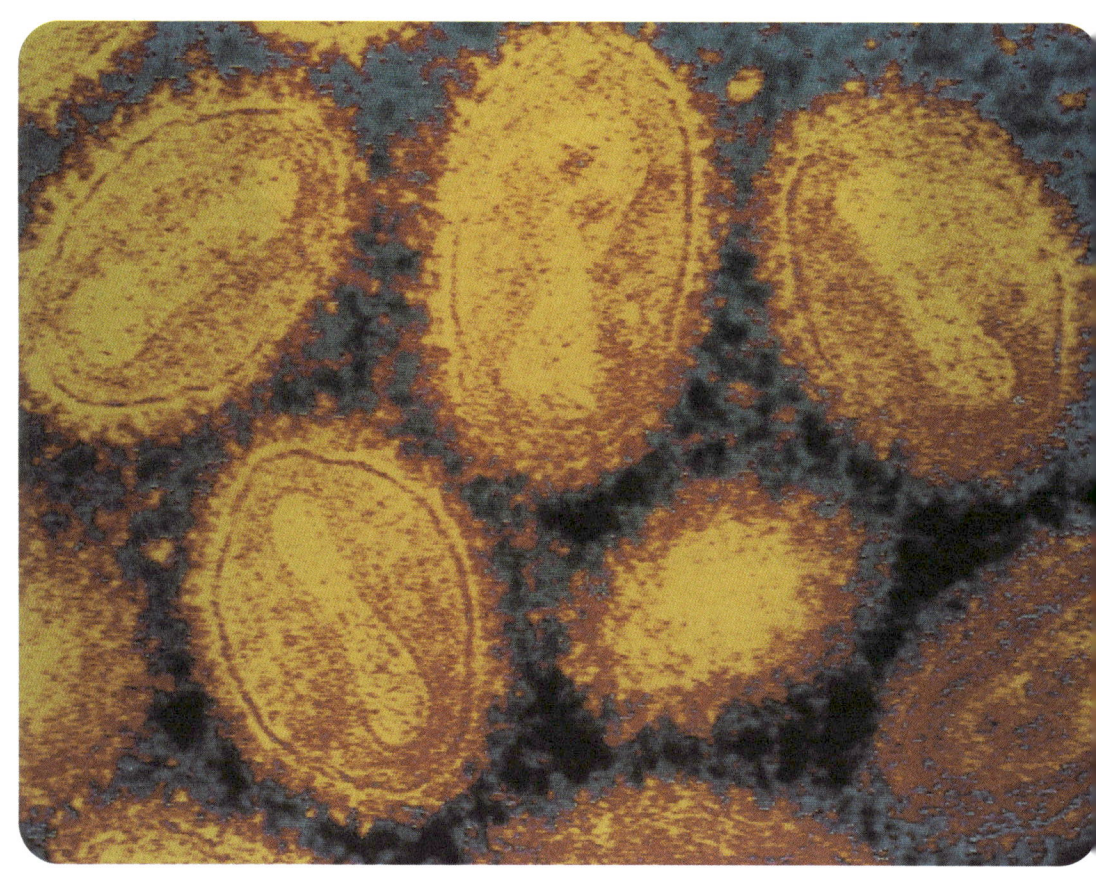

und kann bereits durch ganz kleine Wunden in den Körper eindringen. Sein Gift (*Tetanus-Toxin*) kann zum Atemstillstand führen.

Der **Keuchhusten** (*Pertussis*) wird durch ein giftiges Bakterium übertragen. Der Bösewicht schadet vor allem den Atemwegen. Acht bis 15 Tage nach der Ansteckung muss man ständig husten, wobei der Kranke übrigens riesige Massen der ansteckenden Keime in die Gegend pustet. Babys und geschwächte Kinder können an den Folgen des Hustens sterben.

Haemophilus influenza Typ B ist ein Keim, der für Säuglinge und Kleinkinder sehr gefährlich werden kann. Er bewirkt Ersti-

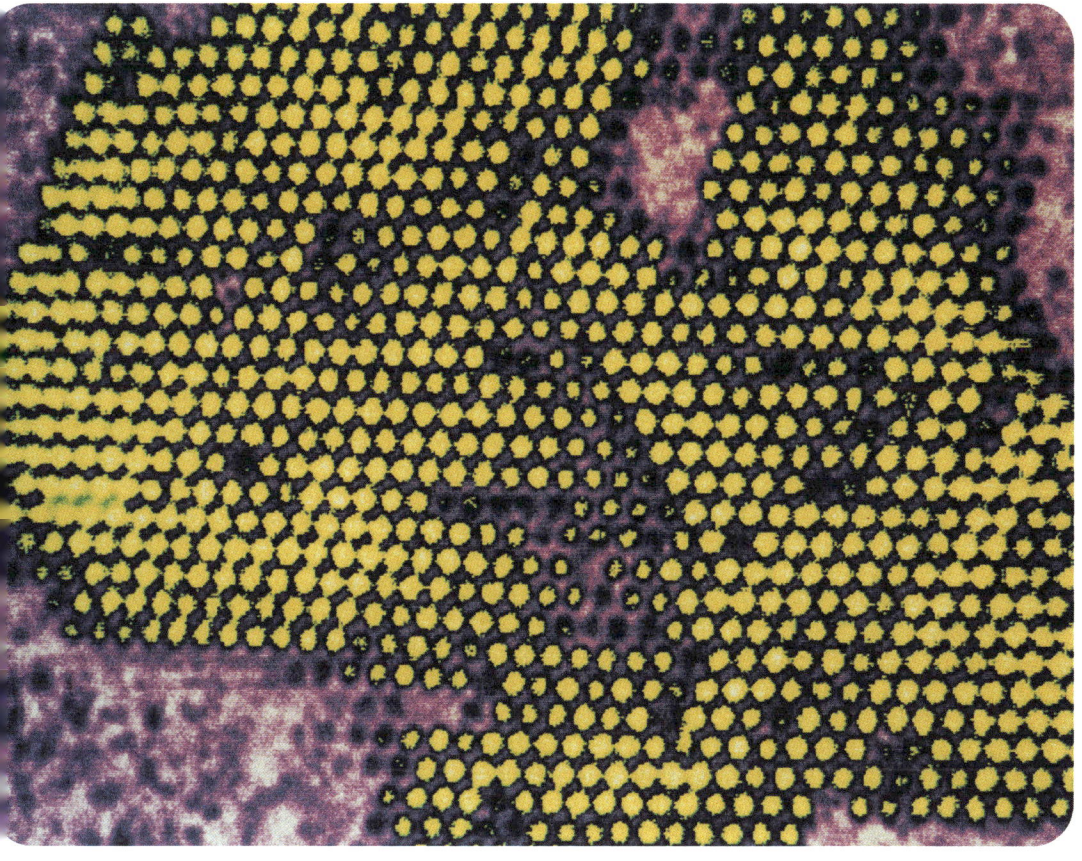

Das Polio-Virus löst die Kinderlähmung aus

ckungsanfälle und kann zu bleibenden Schäden im Gehirn führen.

Die **Kinderlähmung** (*Poliomyelitis*) wird durch Tröpfchen, Verschmieren und unsauberes Wasser übertragen. Der Erreger ist ein Virus (*Poliomyelitis-Virus*), von denen es aber drei Sorten gibt. Sie alle gelangen über den Mund in den Körper und können unterschiedlichste Lähmungen hervorrufen.

Die **Masern** bekommen fast nur Kinder. Der Erreger (das Masernvirus) bewirkt Fieber, Husten, Augenentzündungen und Ausschläge auf der Haut. Sehr selten kann eine Ansteckung zum Tod führen.

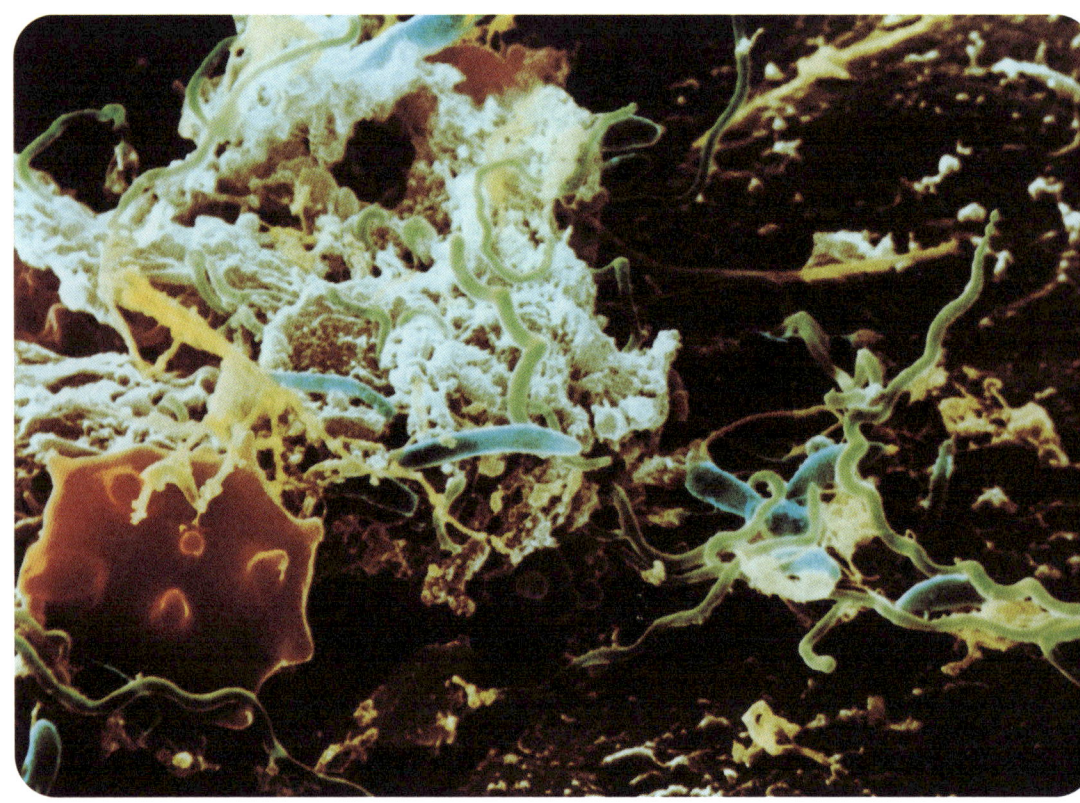

Eine bunte Bakterienmischung, blau und grün gefärbt, aus dem Mund des Menschen

Der **Ziegenpeter** oder **Mumps** wird durch das Mumpsvirus ausgelöst. Der Kopf ist an den Ohren geschwollen, und das tut sehr weh. Besonders gefährlich ist Ziegenpeter für Erwachsene; er kann Frauen und Männer sogar unfruchtbar machen, sodass sie keine Kinder mehr zeugen können.

Das **Hepatitis-B-Virus** kann die bösartige Wucherung von Leberzellen auslösen. 90 Prozent aller Neugeborenen, die sich mit dem unsichtbaren Erreger anstecken, erkranken 20 bis 40 Jahre später an einer Geschwulst (Krebs).

Die **Röteln** werden durch ein Virus (*Rubella*-Virus) übertragen. Die Krankheit erinnert an eine schwere Erkältung. Mädchen sollten dringend geimpft werden. Wenn sie sich nämlich später während einer Schwangerschaft anstecken, infiziert der Erreger das noch ungeborene Kind im Mutterleib. Das kann zu schlimmen Krankheiten wie Taubheit, Blindheit, Herzfehler oder geistiger Behinderung bei dem Baby nach der Geburt führen.

Unfreundliche Keime tummeln sich auch in eurem Mund. Mehr als 500 Bakterienarten leben in dieser feuchten Höhle. Hinzu kommen Viren, Pilze, Amöben und Geißeltierchen. Doch schätzungsweise 90 Prozent aller Mundbewohner sind noch nicht entdeckt. Vor kurzem unternahm der amerikanische Forscher David Relman in den Tiefen der Mundhöhle eine kleine «Expedition». Er stieß auf Mikroben, von denen ein Drittel zuvor noch völlig unbekannt war. 13 Prozent der Winzviecher waren total fremdartig und passten überhaupt nicht in die gängigen Ordnungssysteme der Biologie. «Die Menschen fahren nach Afri-

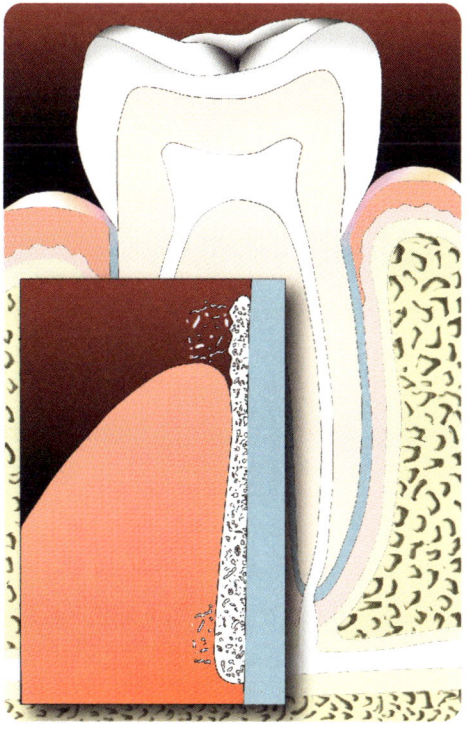

Wenn man sich die Zähne nicht ordentlich putzt, können Bakterien in den Spalt zwischen Zahn und Zahnfleisch eindringen. Viele Millionen Bakterien tummeln sich dann in dem Spalt (siehe vergrößerten Ausschnitt), was dazu führen kann, dass der Zahn wackelig wird und ausfällt.

ka, um dort die Tiere anzustarren», schmunzelte Mikrobenjäger Relman, «doch die Mikroorganismen bieten eine viel größere Artenvielfalt.»

Vom engen Miteinander im Mund profitieren die Mikroben *und* die Menschen. Die Kleinstlebewesen nehmen zwar an unseren Mahlzeiten teil. Zucker ist dabei ihr Leibgericht. Doch zur gleichen Zeit helfen sie mit, dass keine schädlichen Keime in den Mund eindringen. Allerdings sollten generell nicht zu viele Bakterien im Mund leben. Leider ist das Gleichgewicht häufig gestört. Denn viele Menschen putzen sich die Zähne zu selten und nicht gründlich genug: Die Mundbakterien wuchern dann wild und vermehren sich explosionsartig. Dann sind uns die Besiedler nicht mehr nützlich, sondern entzünden unser Zahnfleisch (*Parodontitis*). Das Gewebe schwillt an und zieht sich vom Saum zurück.

So entstehen Taschen, in denen Essensreste den Mikroben einen tollen Nährboden bieten. Bis zu hundert verschiedene Bakterienarten mit einer Gesamtzahl von mehreren Milliarden Keimen gedeihen in einer entzündeten Tasche. Bald liegen die Zahnhälse nackt. Das Zahnfleisch ist weitgehend zerstört, und sogar der Knochen wird angefressen. Die Zähne fangen an zu wackeln – und fallen aus. Mehr als die Hälfte aller Erwachsenen in Deutschland kämpfen mit dieser Erkrankung. Aber auch Kinder können krank werden. Manchmal fallen schon die Milchzähne frühzeitig aus.

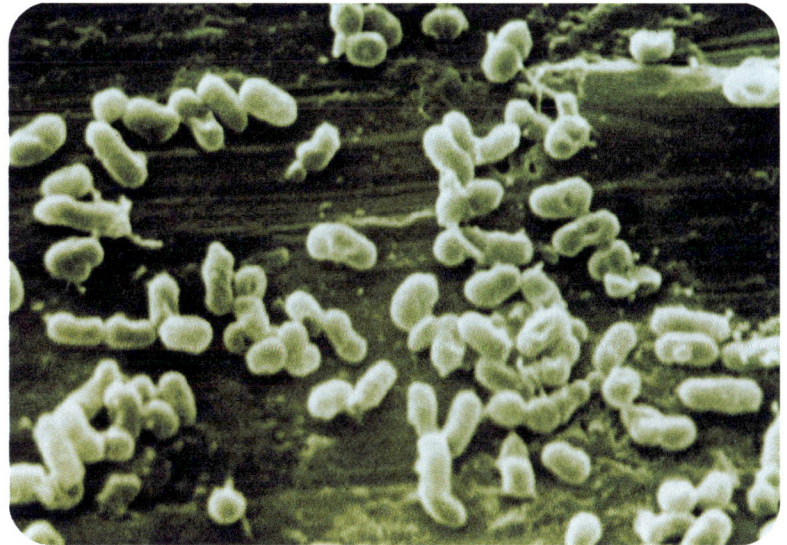

Actinobacillus actinomycetem-comitans lautet der furchtein-flößende Name dieser Mund-bakterien

Wenn im Zahn der Wurm drin ist

Noch im 18. Jahrhundert glaubten Gelehrte, Karies würde durch kleine gefräßige Würmer ausgelöst, die in hohlen Zähnen leben. Das ist natürlich Humbug. Allerdings: So falsch lagen die frühen Forscher nicht. Die «Zahnwürmer» hat zwar bis heute keiner gesehen, doch entstehen die schwarzen Löcher, die Karies, tatsächlich durch Lebewesen. Die zwei Bakterienarten *Streptococcus mutans* und *Streptococcus sobrinus* gelten als Hauptauslöser: «Karius & Baktus». Die Unholde verwandeln normalen Zucker, wie er massenhaft in Schokolade, Marmelade, Gummibärchen, aber auch in Kartoffelchips steckt, in Milchsäure. Und diese Säure zerstört den Zahnschmelz – ein hässliches Loch entsteht.

Hunde kriegen übrigens viel seltener Karies als Menschen. Ihr Hundegebiss ist nämlich so geformt, dass nur wenig Essensreste hängen bleiben. Und deshalb wuchern auch nur wenig Karieskeime im Maul der Vierbeiner.

In Westeuropa und den Vereinigten Staaten siedeln Kariesbakterien in 80 bis 90 Prozent aller Menschenmünder. Fragt einmal in eurer Klasse nach, bei wem der Zahnarzt noch nie bohren musste. Kinder in Tansania hingegen kennen keine Karies; sie ernähren sich vermutlich gesünder – und sie haben keine Kariesbakterien im Mund.

Ein sauberer Zahn wird nicht krank

Die Karieskeime sind jedoch nicht die einzigen Bakterien, die – wenn sie in Massen auftreten – schädlich sind. Tja, der Zahnarzt hat da schon Recht: Ein sauberer Zahn wird nicht krank. Dass sich allerdings Mikroben, egal, ob lieb oder böse, auf den Zähnen niederlassen, lässt sich kaum vermeiden. Eure Bakterien waren schon *vor* euren Zähnen da und haben nur darauf gewartet, eure Beißerchen zu ihrer Heimat zu machen. Auf einem gründlich geschrubbten Zahn lassen sich schon nach vier Stunden die ersten Mikroben nieder.

Die ersten Ankömmlinge besitzen auf ihrer Oberfläche eine Art Kleber, mit dem sie sich gezielt an die glatte Oberfläche des Zahns heften. Sogleich folgt die nächste Welle der Besiedler. Sie heftet sich an die Bakterien, die schon da sind. Und so geht es immer weiter. Wenn man sich die Zähne nicht putzt, entsteht auf diese Weise innerhalb von wenigen Tagen ein weit verzweigter Bakterien-Stapel: der Zahnbelag.

Mit der schrittweisen Besiedlung des Zahns entsteht eine ganz eigene Lebenswelt, in der auch Bakterien gedeihen, die ohne Sauerstoff auskommen. Die Zahnbelagsschicht wird so zäh und fest, dass die Bakterien mit der Zeit sogar vor Chemikalien geschützt sind und kaum mehr mit Medikamenten (Antibiotika) gekillt werden können.

Und was sagen Zahnärzte zu all dem Gewimmel im Mund? Meiner rät zum Zähneputzen. «Das Wichtigste ist, die Zahl der Bakterien im Mund gering zu halten.»

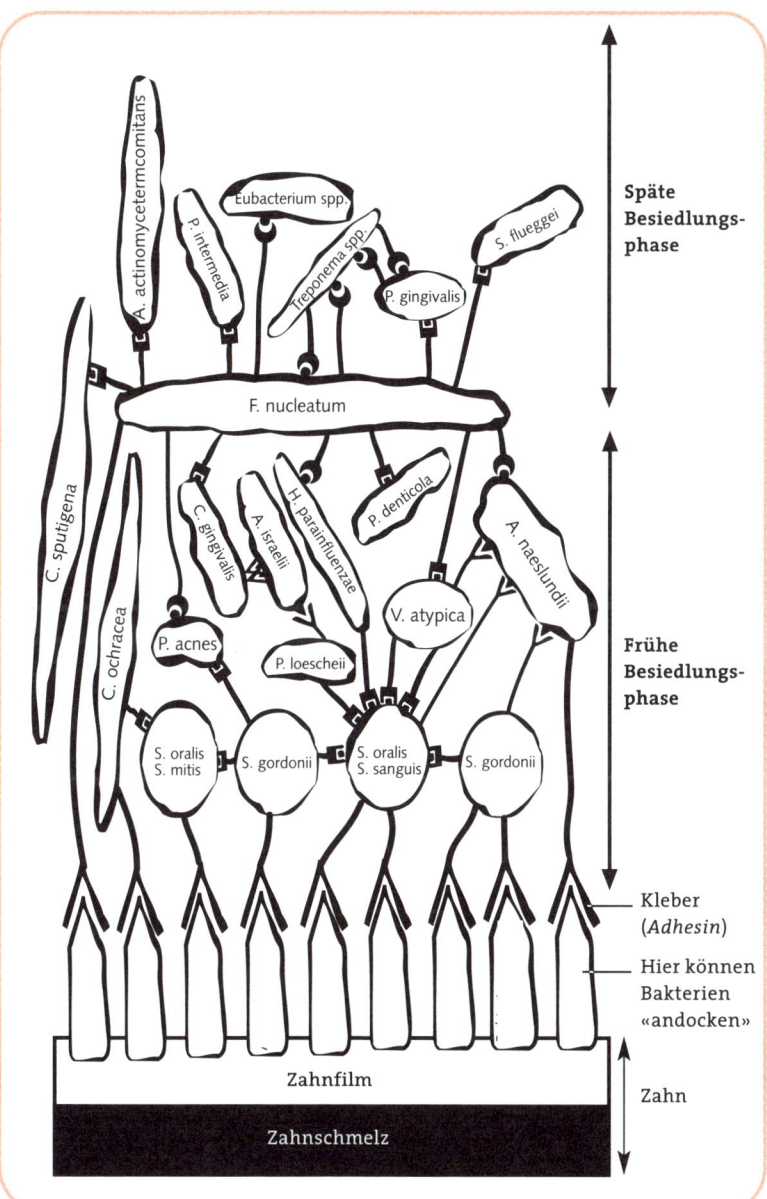

Späte
Besiedlungs-
phase

Frühe
Besiedlungs-
phase

Kleber
(*Adhesin*)

Hier können
Bakterien
«andocken»

Zahn

Die Zeichnung
macht es deut-
lich: Der Zahn-
belag besteht
aus einem di-
cken Stapel von
Bakterien mit
komplizierten
Namen.

Heimliche Herrscher

Es ist schon komisch: Ausgerechnet die kleinsten Tiere flößen uns die größte Furcht ein. Bei dem Gedanken, dass Milben, Würmer, Läuse, Amöben, Fliegen, Mücken, Wanzen, Pilze, Zecken und Bakterien liebend gerne in und auf unserem Körper herumkrabbeln, bekommen viele Menschen eine Gänsehaut und fangen an, sich zu jucken und zu kratzen. Manche Menschen bekommen sogar schlimme Albträume von unseren heimlichen Besiedlern.

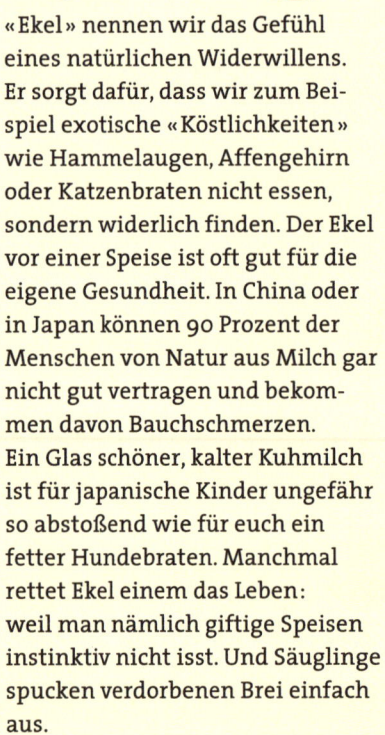

Nachgefragt

Warum ist Ekel gut?

«Ekel» nennen wir das Gefühl eines natürlichen Widerwillens. Er sorgt dafür, dass wir zum Beispiel exotische «Köstlichkeiten» wie Hammelaugen, Affengehirn oder Katzenbraten nicht essen, sondern widerlich finden. Der Ekel vor einer Speise ist oft gut für die eigene Gesundheit. In China oder in Japan können 90 Prozent der Menschen von Natur aus Milch gar nicht gut vertragen und bekommen davon Bauchschmerzen. Ein Glas schöner, kalter Kuhmilch ist für japanische Kinder ungefähr so abstoßend wie für euch ein fetter Hundebraten. Manchmal rettet Ekel einem das Leben: weil man nämlich giftige Speisen instinktiv nicht isst. Und Säuglinge spucken verdorbenen Brei einfach aus.

Warum nur erscheinen uns ausgerechnet jene Tiere, die uns doch so nahe sind, unheimlich? Vieles lernen wir durch die Erziehung und von den Eltern und Geschwistern. Es soll ja Mütter und Väter geben, die nicht mal eine Spinne anfassen können …

Einiges deutet aber auch darauf hin, dass die Angst vor kleinen Viechern zum Teil bereits angeboren ist. Manche Babys, die niemals zuvor eine Spinne gesehen haben, kreischen und krabbeln ganz aufgeregt davon, wenn sie eine echte Spinne sehen oder eine Spielzeugspinne, die echt aussieht. Bei anderen unbekannten Tieren bleiben die Babys dagegen völlig friedlich, beispielsweise wenn sie zum ersten Mal die viel gefährlicheren Löwen und Tiger im Zoo bestaunen.

Die Furcht vor unseren kleinen Freunden ist uralt und ein Überbleibsel aus den Anfängen der Menschheit. Wer in der Steinzeit bedrohliche und lästige Kleintiere wie Läuse, Spinnen, Skorpione oder Giftschlangen schneller erkannte, der hatte bessere Überlebenschancen. Diese Instinkte sind bis heute in unserem Gehirn gespeichert.

Im Spüllappen geht's rund

Die Menschen in Deutschland, Frankreich und Amerika benehmen sich erstaunlich unterschiedlich, wenn es um Bakterien geht.
Die Franzosen bleiben in puncto Sauberkeit ganz cool: Sie warnen
sogar vor übertriebenen Hygieneregeln in Restaurants, bei der

Mit Plakaten
wurde in frühe-
ren Zeiten
für Sauberkeit
und Körper-
pflege Werbung
gemacht

*Nach dem Aufsteh'n Hemd herunter,
kaltes Wasser macht Dich munter.
Den Schmutz von Schule, Spiel und Sport
wäscht abends warmes Wasser fort.*

Ein großer Schreck – und die Angst ist weg?

Die übertriebene Angst vor kleinen Krabbelwesen kann man mit einer Art Schock behandeln: Wer sich beispielsweise vor Spinnen fürchtet, der bekommt ganz einfach eine Spinne vorgesetzt. Der Patient wird gezwungen, das Tier zu ertragen und anzugucken. Er merkt dann, dass die Spinne eigentlich ganz friedlich ist – und verliert auf diese Weise seine Angst vor Spinnen.

Wasserversorgung oder etwa in öffentlichen Toiletten. Tatsächlich ist das stillste Örtchen meistens auch das sauberste in einer Wohnung, weil wir es mit allerhand Putzmitteln regelmäßig reinigen. Bakterien lieben es feucht und halten sich dort auf, wo wir nicht mit ihnen rechnen: Im feuchten Spüllappen in der Küche stecken bis zu einer Million mehr Bakterien als auf der (hoffentlich trockenen) Klobrille. Wenn eure Eltern also mit dem feuchten Lappen einen Tisch abwischen, verteilen sie in Wirklichkeit auch die Bakterien ganz gleichmäßig in der Gegend. Besser wäre es, ein trockenes Tuch zu nehmen.

Bakterien sind die heimlichen Herrscher im Haushalt, wie eine Untersuchung in England gezeigt hat. Mikroben, die eigentlich im Darm des Menschen leben, fanden sich an folgenden Plätzen im Haushalt mit fast 100-prozentiger Sicherheit: auf dem Spültuch, auf Handtüchern, an den Wasserhähnen, über und in der Spüle, auf der Abtropffläche, in der Waschmaschine, im Scheuerlappen und sogar – im Kühlschrank!

Mikrobenangst, die krank macht

Auch in Deutschland leben erstaunlich viele Menschen in großer Furcht vor den kleinen Mitbewohnern. Manche Menschen haben sogar einen so großen Horror vor Bakterien und anderen Kleinstlebewesen, dass es ihnen richtig schlecht geht vor Angst und sie vor Sorge, besiedelt zu sein, krank werden. Diese merkwürdige Krankheit nennen die Ärzte «Verkeimungsphobie». Die betroffenen Menschen sind davon überzeugt, dass es in ihrer Wohnung, ihrem Kleiderschrank oder etwa in ihrem Bett von unsichtbar kleinen Keimen nur so wimmelt. Mit dieser Vermutung haben sie zwar Recht, aber gefährlich sind, wie wir schon gehört haben, nur ganz wenige Mikroben aus unserer Umwelt. Und sich immerzu zu waschen oder abzuduschen und die gesamte Umgebung immer wieder zu putzen, kann nicht verhindern, dass die winzigen Krabbler mit uns zusammenleben. Und das ist gut so!

Durch einen völlig übertriebenen Putzfimmel werden die natürlichen Bakterien auf unserer Haut, die uns wie ein Mantel einhüllen und schützen, zerstört. Auf dem Körper können dann tatsächlich schädliche Keime wachsen: Hässliche Hautausschläge und juckende Ekzeme entstehen. Sie sind der Beweis dafür, dass die natürliche Lebensgemeinschaft Mensch und Mikrobe gestört wurde.

Das beste Mittel gegen «Ungezieferwahn» und «Verkeimungsphobie» erscheint daher ganz einfach: Gelassenheit im Umgang mit unseren kleinen Mitbewohnern.

Gelassenheit sollte deshalb auch für den Einsatz von Putzchemikalien und Desinfektionsmitteln gelten. Den Eltern kann man da ruhig mal den guten Tipp geben, den ganz gesunden Dreck liegen zu lassen, anstatt die Wohnung und den gesamten Hausrat mit Desinfektionsmitteln einzunebeln und zu schrubben. Wer nämlich zu viele Keime in seiner Umgebung killt, der kann sich selbst und seiner Familie schaden. Das körpereigene Abwehrsystem braucht die unsichtbaren Viren und Bazillen, um sich richtig zu entwickeln.

Die englischen Forscher Graham Rook und John Stanford sagen: «Die Angst vor Keimen und

Nachgefragt

Ist der «Ohrenpitscher» harmlos?

Der «Ohrwurm», «Ohrenpitscher» oder «Ohrenkneifer» trägt seine Namen völlig zu Unrecht. Das scheue Insekt lebt nämlich überhaupt nicht im Ohr. Tagsüber lebt es in Blumenkästen, unter Steinplatten, Brettern und Kisten. Es frisst im Haus zwar Obst, im Garten ist es jedoch ein nützlicher Helfer gegen Pflanzenschädlinge. Mit seinen Zangen hält das Tier die Nahrung fest, um sie zu verspeisen. Aber dass der Ohrenpitscher mit seinen großen Zangen Löcher in das Trommelfell kneift, das ist ein Märchen. Und wenn sich tatsächlich einmal ein Ohrenpitscher in das Ohr eines Menschen verirrt, ist das wirklich nur ein dummer Zufall!

Zeichnung eines Ohrwurms

übertriebene Hygiene rauben dem Immunsystem wichtige Informationen, die es dringend braucht.» Putzmittel, die gezielt Viren und Bakterien töten, sollte man also lieber nicht in privaten Haushalten benutzen. Das raten übrigens auch die Behörden in Deutschland. Die Gesundheitsbeamten finden: «Wasser und normale Seife reichen doch völlig aus.»

Alte Freunde sind gute Freunde

Seit Millionen von Jahren ist der Mensch besiedelt. Bösewichte und Unholde finden sich aber nur ganz selten auf dem Menschen. Nur die wenigsten unserer Siedler ernähren sich direkt von uns und gelten als Parasiten. Der Grund ist einfach: Wenn ein Schmarotzer so gefährlich wäre, dass er den Menschen umbrächte, würde er ja die eigene Lebensgrundlage, seinen Wirt, zerstören – und müsste bald selbst sterben. Die vielen Siedler auf unserem Körper haben deshalb «gelernt», uns nicht zu sehr zu schaden. Auf diese Weise werden schädliche Parasiten zu harmlosen Tischgenossen und manchmal sogar zu Nützlingen (*Symbionten*).

Wohin wird das Leben auf dem Menschen noch führen? Bakterien, Amöben, Viren, Flöhe, Fliegen, Milben, Vampire, Mücken, Wanzen, Hefen, Würmer, Urtierchen, Läuse, Egel, Zecken, Pilze und der Mensch wurden in Milliarden von Jahren zu einer erfolgreichen Lebensgemeinschaft. Die unterschiedlichsten Kreaturen haben sich ganz eng verbunden und bilden eine einzigartige Firma: Mensch & Co.

Mit Hilfe der vielen Partner vollbringen

Nachgefragt

Gibt es ein Leben nach dem Tod?

Wenn ein Mensch stirbt, dann geht das Leben auf seinem Körper weiter. Viele seiner Siedler verlassen ihn und suchen sich ein neues Zuhause. Den Körper eines Erwachsenen, der ohne Sarg in 180 Zentimeter Tiefe liegt, verwerten Käfer und Bakterien in zehn bis zwölf Jahren bis auf die Knochen. Und irgendwann haben die Bakterien auch den letzten Knochen eines Menschen zurückgegeben in den Kreislauf der Natur. Der Zerfall zu Staub ist also keineswegs der Schluss für das Leben auf dem Menschen. Kaum haben die Kleinstlebewesen ihr zersetzendes Werk beendet, entstehen aus den übrig gebliebenen Bausteinen bereits neue Lebewesen. Und alles geht von vorne los.

die einzelnen Mitglieder dieser Firma Dinge, die sie allein gar nicht schaffen würden. Erfolgreiche Lebensformen leben zusammen und kommen sich dabei immer näher. Wer weiß – vielleicht werden die kleinen Siedler, Gäste und Besucher und der Mensch eines Tages zu *einem* Lebewesen verschmelzen?

Glossar

Aids

ist die Abkürzung des englischen Begriffs *Acquired Immune Deficiency Syndrome* und bezeichnet eine Krankheit, bei der das körpereigene Abwehrsystem geschädigt ist. Auslöser ist das humane Immunschwäche-Virus, kurz: HIV.

Amöben

(Wechseltierchen) sind einzellige Tiere, die mehrere Millimeter groß werden können und zur Klasse der «Wurzelfüßer» zählen. Sie besitzen keine feste Gestalt, sondern ändern dauernd ihre Körperform, indem sie Scheinfüßchen ausbilden. Mit denen bewegen sie sich fort und umfließen die Nahrung. In Mundhöhle und Darm des Menschen leben sechs harmlose Arten. Hinzu kommen krankheitserregende Arten, die den Menschen jedoch nicht dauerhaft besiedeln.

Bakterien

sind einzellige Mikroorganismen, die keinen Zellkern besitzen. Sie können nicht für sich allein leben, sondern brauchen pflanzliche, tierische oder menschliche Gewebe als Nahrung und Energiequelle. Auf eine Menschenzelle in eurem Körper kommen mindestens zehn Bakterien. Auf den Häuten und Schleimhäuten des Menschen haben Forscher bisher Hunderte verschiedener Arten nachgewiesen. Das ist nur die Spitze des Eisbergs: Rund 99 Prozent «unserer» Bakterien sind bisher noch gar nicht entdeckt. Die meisten Bakterien sind friedliche Geschöpfe. Einige sind jedoch gefährlich. Sie schädigen die Zellen, auf denen sie wachsen. Dadurch entstehen Krankheiten.

Bandwürmer

zählen zur Klasse der Plattwürmer. Die unappetitlichen Darm-
parasiten verankern sich mit dem Hakenkranz am Kopfende zwischen den Darmzotten und können mehrere Meter lang werden.
Im Dünndarm des Menschen wurden unter anderen gefunden:
Fischbandwurm, Schweinebandwurm, Rinderbandwurm, Zwerg-
bandwurm, Hundebandwurm (Blasenwurm), der auf Taiwan
beheimatete asiatische Wurm *Taenia asiatica*. Dazu können
weitere Würmer kommen, die meistens Fleischfresser wie Fuchs,
Hund, Katze, seltener aber auch den Allesfresser Menschen befallen können.

Bettwanzen

stammen aus der Familie der Platt- oder Hauswanzen (siehe
Blutsaugermobile). Die flügellosen Wesen lassen sich nachts von
der Zimmerdecke auf schlafende Menschen herabfallen, saugen
deren Blut und verschwinden dann wieder in die Ritzen von
Tapeten, Mauern oder Möbel. In Deutschland peinigt einen die
Gemeine Bettwanze (*Cimex lectularius*); in Südasien und Afrika
haust die Tropische Bettwanze (*Cimex rotundatus*).

Blutegel

stellen eine Ordnung der Glieder- oder Ringelwürmer dar. Die
selten gewordenen Medizinischen Blutegel (*Hirudo medicinalis
medicinalis*) saugen sich an der Haut fest und trinken unser Blut
wie kleine Vampire. Inzwischen bewähren sie sich als Assistenten
in der Mikrochirurgie. In Ungarn lebt eine Unterart, der Unga-
rische Blutegel (*Hirudo medicinalis officinalis*). In Mexiko wird
eine Spezies der Knorpelegel (*Haementeria officinalis*) medizinisch
als Schröpfegel verwendet.

BSE

ist die Abkürzung für einen Begriff, den nur wenige Menschen aussprechen können, ohne sich die Zunge zu verrenken. Ihr könnt es ja einmal versuchen: *Bovine spongiforme Enzephalopathie.* Auf Deutsch heißt das: Schwammartige (*spongiforme*) Zerstörung der Hirnsubstanz (*Enzephalopathie*) bei Rindern (*bovin*). Bei dem Leiden zerstören winzige Erreger das Gehirn, das dann löchrig wird wie ein Schwamm: Die Rinder torkeln und werden verrückt: Der «Rinderwahnsinn» bricht aus.

Fadenwürmer

(*Nematoden*) sind dünne, weniger als einen Zentimeter lange Rundwürmer. Auf dem Menschen können Madenwürmer, Spulwürmer und Trichinen vorkommen.

Fledermäuse

bilden eine weltweit verbreitete Unterordnung der Flattertiere. Nur der in Südamerika heimische Gemeine Vampir (*Desmodus rotundus*) mag unser Blut und ist damit das einzige fliegende Säugetier, das – wenngleich höchst selten – im Lebensraum Mensch gesichtet wird.

Flöhe

sind flügellose Insekten. Die echten Menschenflöhe (*Pulex irritans*) springen meterweit und ernähren sich ausschließlich von unserem Lebenssaft (siehe Blutsaugermobile). Sie sind in Deutschland beinahe ausgestorben (im Unterschied zu Katzen- und Hundeflöhen), haben aber eine eigene Kulturgeschichte.

Geißeltierchen

(*Zooflagellaten*) sind Einzeller, von denen ungefähr neun Arten auf dem Menschen vorkommen.

Hefepilze

siehe Pilze

HIV ist die Abkürzung von *Humanes Immunschwäche-Virus*. Es löst die Aids-Krankheit aus.

Läuse

stellen eine Ordnung mit knapp 400 Arten blutsaugender Insekten dar. Zu den Menschenläusen zählen sechs auf Menschenaffen, Kapuzineraffen und Menschen lebende Arten. Drei von ihnen leben nur auf dem Menschen: Die drei Millimeter kleinen Kopfläuse (*Pediculus humanus capitis*) gedeihen und vermehren sich im Haupthaar des Menschen (siehe Blutsaugermobile). Die Insekten können beim Blutsaugen das Fleckfieber übertragen. Die Kleiderläuse (*Pediculus humanus corporis*) sind in der Steinzeit zu uns gekommen, als man begann, sich in Felle und später Stoffe zu hüllen. Sie leben auf der Innenseite unserer Kleider. Die Filzläuse (*Phthirus pubis*) hausen im Schamhaar, wohin sie meist beim Geschlechtsverkehr gelangen. Ohne den nährenden Menschen überleben die Läuse allenfalls zwölf Stunden.

Madenwürmer

werden auch Pfriemenschwänze, After- oder Kinderwürmer genannt. Die weißen Fadenwürmer kennt und hat man in aller Welt. Sie werden bis zu 12 Millimeter lang und leben als harmlose Parasiten im menschlichen Dick- und Blinddarm, meist von Kindern.

Mikroben

heißen umgangssprachlich die Mikroorganismen. Das sind meist einzellige Lebewesen, die wegen ihrer geringen Größe nur unterm Mikroskop sichtbar gemacht werden können. Zu den Mikroben auf dem Menschen gehören Bakterien, Pilze und Protozoen. Weil Viren nicht alle Kriterien eines Lebewesens erfüllen, zählen manche Mikrobiologen sie folglich nicht zu den Mikroben. In diesem Buch jedoch sind unter Sammelbezeichnung Mikroben auch Viren gemeint.

Milben

sind eine mit rund 20 000 Arten weltweit verbreitete Ordnung von Spinnentieren. In unserem Gesicht wohnen die 0,3 bis 0,4 Millimeter langen Haarbalgmilben (*Demodex folliculorum*). Ebenfalls weit verbreitet sind die 0,25 Millimeter langen Talgdrüsenmilben (*Demodex brevis*). Weit seltener sind die Krätzmilben (*Sarcoptes scabiei*). Die Weibchen dieser Spinnentiere bohren Gänge in die Haut, schlürfen Lymphe, fressen Zellgewebe und legen Eier ab. Hausstaubmilben (*Dermatophagoides pteronyssinus und Dermatophagoides farinae*) fressen winzige Pilze und leben in unserem Bett.

Parasiten

sind «Mitesser» in unserem Körper. Im alten Griechenland war ein *parasitos* ein Mensch, der bei Gastmahlen als Vorkoster das Essen probierte. Auf diese Weise konnte er sich stets den Bauch voll schlagen, ohne dafür richtig arbeiten zu müssen. Heute hat der Begriff «Parasit» in der Biologie eine ähnliche Bedeutung: Der Parasit schmarotzt, ohne eine Gegenleistung zu erbringen. In der Welt der Pflanzen und Tiere sind damit Lebewesen gemeint, die auf Kosten eines anderen Geschöpfs leben, das sie aber nicht töten – zumindest nicht sofort.

Pilze

bilden eine Abteilung vorwiegend auf dem Land lebender Pflanzen mit mehr als 100 000 bekannten Arten, von denen es einige auf den Menschen verschlagen hat, beispielsweise Hautpilze (*Dermatophyten*) wie *Trochophyton-* und *Microsporum*-Arten. Der Hefepilz *Pityrosporum ovale* gehört zur normalen Flora der Kopfhaut. Verschiedene *Candida*-Arten sind die bekanntesten Pilze auf dem Menschen.

Prione

ist die Abkürzung von *proteinöses infektionöses Agens*. Das sind krankheitserregende Eiweißkörper, die das Gehirn von Tieren und Menschen zerstören können.

Protozoen

siehe Urtierchen

REM

ist die Abkürzung für «Rasterelektronenmikroskop». Noch viel besser als mit dem Lichtmikroskop lassen sich mit Hilfe von Elektronenstrahlung auch kleinste Objekte wie z.B. Mikroben stark vergrößern und werden dadurch für unser Auge sichtbar.

Saugwürmer

(*Trematoden*) bilden eine Gruppe von 0,5 bis 10 Millimeter langen, meist abgeflachten Plattwürmern. Leberegel und Arten des tropischen Pärchenegels sind gefürchtete Krankheitserreger.

Spinnentiere

siehe Milben

Stechmücken

sind schlanke Zweiflügler. Auf unserem Planeten sind mehr als 3400 Stechmückenarten auf Beuteflug. Hierzulande ist die Gemeine Stechmücke (Hausmücke, *Culex pipiens*) der bekannteste Plagegeist (siehe Blutsaugermobile).

Urtierchen

(*Protozoen*) bilden ein Unterreich der Tiere mit 20 000 bekannten Arten. Einige dieser einzelligen Wesen wie Amöben und Geißeltierchen siedeln auf dem Menschen.

Vampire

siehe Fledermäuse

Viren

sind kleinste Teilchen oder Partikel, die aus einem Nukleinsäure-
faden (DNS oder RNS) und einer Eiweißkapsel bestehen. Die nur
20 bis 450 Nanometer (Milliardstel Meter) großen Winzlinge
finden sich auf jedem Menschen und überall in der Umwelt.
Sie können sich außerhalb der Wirtszellen nicht allein vermehren
und bevölkern ein seltsames Reich zwischen Leben und Unbeleb-
tem. Die meisten Viren, mit denen der Mensch in Berührung
kommt, sind noch gar nicht bekannt.

Zecken

gehören zur Ordnung der Milben. In Deutschland lauert der
Gemeine Holzbock (*Ixodes ricinus*), auch Waldzecke genannt
(siehe Blutsaugermobile), auf Bäumen und im Gras.

Verwendete Literatur

Michael Andrews:
  The Life That Lives On Man,
  New York (1977)
Martin J. Blaser:
  Der Erreger des Magengeschwürs,
  in: *Spektrum der Wissenschaft*, Nr. 4, S. 68 (1996)
Michael Blaut:
  Aufbau der Darmflora und Rolle der Probiotika für die
  Gesundheit des Menschen,
  in: *Probiotika – Tatsachen und Meinungen*,
  SMK-Schrift Nr. 4, Verlag Schweizerische Milchkommission,
  Liebefeld-Bern (1997)
Jörg Blech:
  Leben auf dem Menschen – Die Geschichte unserer Besiedler,
  3. Auflage, Reinbek (2000)
Jörg Blech:
  Blutegel mit neuem Biss,
  in: *Die Zeit*, Nr. 5/1996
David Bodanis:
  Das geheimnisvolle Haus,
  Düsseldorf (1988)
Norbert Borrmann:
  Vampirismus oder Die Sehnsucht nach Unsterblichkeit,
  München (1998)
Henning Brandis, Hans J. Eggers, Werner Köhler,
Gerhard Pulverer:
  Lehrbuch der medizinischen Mikrobiologie,
  Stuttgart, Jena (1994)

Richard Conniff:
Spineless wonders. Strange tales from the invertebrate world,
New York (1997)
Alain Corbin:
Pesthauch und Blütenduft. Eine Geschichte des Geruchs,
Berlin 1988
Bernard Dixon:
Take your shoes off, breathe deep: yes, the pong has gone!,
in: *Independent*, 1992
Bernard Dixon:
Magnificent Microbes,
New York (1976)
John Emseley:
Parfum. Portwein, PVC ... *Chemie im Alltag*,
Weinheim 1997
Gesundheitsbehörde der Freien und Hansestadt
Hamburg (Hrsg.):
*Ansteckend – Berichte und Informationen zum Thema
Infektionskrankheiten*,
Bremen (1996)
Grzimeks Tierleben:
Insekten,
München (1993)
Marvin Harris:
Wohlgeschmack und Widerwillen,
München (1995)
Roger M. Knutson:
Furtive Fauna - a field guide to the creatures who live on you,
Berkeley (1996)
Paul de Kruif:
Mikrobenjäger,
Zürich, Leipzig, 4. Auflage (1935)

Birgit Lahann:
   Lasst fahren dahin,
   in: *Stern*, Nr. 40 / 1980
Philip A. Mackowiak:
   The normal microbial flora,
   in: *The New England Journal of Medicine*, Bd. 307,
   S. 83 (1982)
Michael T. Madigan, John M. Martinko, Jack Parker:
   Brock - Biology of Microorganisms,
   8. Auflage, New Jersey, (1997)
Birgit und Heinz Mehlhorn:
   Zecken, Milben, Fliegen, Schaben,
   2. Auflage Berlin, Heidelberg (1992)
Heinz Mehlhorn und Gerhard Piekarski:
   Grundriss der Parasitenkunde,
   5. Auflage, Stuttgart, Jena, Lübeck, Ulm (1998)
H. Mester:
   Das Syndrom des wahnhaften Ungezieferbefalls,
   in: *Angewandte Parasitologie*, Bd. 2, S. 70 (1977)
Andrea Mombelli:
   Antibiotika in der Parodontaltherapie,
   in: *Schweiz Monatsschr. Zahnmedizin*, Bd. 108, S. 969 (1998)
Museum für Naturkunde der Humboldt-Universität
zu Berlin (Hrsg):
   Parasiten – Leben und leben lassen,
   Berlin (2000)
Günther Ohloff:
   Irdische Düfte himmlische Lust.
   Eine Kulturgeschichte der Duftstoffe,
   Basel (1992)
Lynn Payer:
   Andere Länder, andere Leiden: Ärzte und Patienten in England,
   Frankreich, den USA und hierzulande,
   Frankfurt am Main (1989)

Theodor Rosebury:
   Microorganisms Indigenous To Man,
   New York, Toronto, London (1962)
Theodor Rosebury:
   Der Reinlichkeitstick,
   Hamburg (1972)
Patrick Süskind:
   Das Parfüm,
   Zürich (1985)
Hans Zinsser:
   Ratten, Läuse und die Weltgeschichte,
   Stuttgart, Calw (1949)

Dank

Viele Menschen haben das Projekt «Mensch & Co.» unterstützt.
Ihnen danke ich an dieser Stelle.

Ein ganz besonderer Dank geht an Christina und Manfred Kage
vom Institut für wissenschaftliche Fotografie in Lauterstein.
Sie haben mir ihre hinreißenden mikrofotografischen Aufnah-
men, die dieses Buch durchgängig bebildern, kostenlos zur
Verfügung gestellt – aus Begeisterung für das Thema.

Ein großer Dank geht an meine Lektorin Angelika Mette,
die das Projekt mit viel Engagement begleitet hat.

Ein besonderer Dank geht an Anke Bördgen.
Ihre Unterstützung hat das Buch erst möglich gemacht.

Abbildungen

Die Vignetten der Textkästen und den Bastelgimmick
«Blutsaugermobile» gestaltete Antje von Stemm.

Seiten 6, 7, 8, 20, 32, 35, 44, 47, 51, 54, 61, 66, 69, 73, 80,
    85, 86, 89, 92, 93, 96, 97, 98, 101
    Institut für Wissenschaftliche Fotografie/Lauterstein,
    Manfred und Christina Kage.
Seite 7
    Gesundheits-Brockhaus, 4. Aufl., Mannheim, 1990, S. 279.
Seite 10
    David Bodanis, *Das geheimnisvolle Haus. Die Mikrowelt,
    in der wir leben*, Düsseldorf, 1988, S. 88–89.
Seite 11
    David Bodanis, *The Body Book. A Fantastic Voyage To The
    World Within*, Boston 1984, S. 190.
Seite 13
    «Geschichtsblätter für Technik, Industrie und Gewerbe».
    Band 3, Heft 1–3, Berlin 1916, S. 9.
Seite 14
    Infografik verändert nach: Brock, *Biology of Microorganisms*,
    1997, S. 60.
Seite 15
    Heide Schulz, Max-Planck-Institut für Marine Mikrobiologie, Bremen.
Seite 16
    Infografik verändert nach «profil», Nr. 22, 5/2000, S. 186.
Seite 17
    Illustration entnommen aus «GASTRO News», 1/99, S. 2.
Seite 21
    Infografik verändert nach «Science», Vol. 289, 9/2000, S. 1483.
Seite 22
    Foto argus, in «Bild der Wissenschaft», 2/2001, S. 14.
Seite 27
    www.salon.com/people/rogue/1999/05/20/flatulence/.
Seite 34
    Infografik verändert nach Prof. Dr. Dr. med. D. Loew, «Darmflora
    und Reizdarm-Syndrom» Patienteninformation, Hagen 1999, S. 16.
Seite 40
    «Odyssee», Vol. 6/Issue 2, 2000, S. 36.

Seite 41
Infografik verändert nach: Michael Andrews, *The Life That Lives On Man*, New York 1977, S. 35.

Seite 43
Birgit und Heinz Mehlhorn, *Zecken, Milben, Fliegen, Schaben – Schach dem Ungeziefer*, Heidelberg 1992, S. 50.

Seite 45
Illustration verändert nach: Susan S. Lang, *Invisible Bugs and other Creepy Creatures that Live with you*, illustrations by Eric C. Lindstrom, New York 1992, S. 14.

Seite 49
Abbildungen verändert nach Theodor Rosebury, *Microorganisms Indegenious To Man*, New York 1962, S. 258–260.

Seite 52
Naturkundemuseum Stuttgart/Harling

Seite 53
Privatfoto Gabriele Miksch

Seite 55
Rüdiger Wehner / Walter Gehring, *Zoologie*, Stuttgart 1990, S. 689.

Seite 57
Foto Volker Steger in: «Bild der Wissenschaft», 1/2001, S. 41.

Seite 63
Rüdiger Wehner / Walter Gehring, *Zoologie*, Stuttgart 1990, S. 689.

Seite 64
links: «Leben und leben lassen», Stuttgarter Beiträge zur Naturkunde, Serie C, Nr. 42, S. 30.
rechts: Michael Andrews, *The Life That Lives On Man*, New York 1977, S. 8–9.

Seite 68
Rüdiger Wehner / Walter Gehring, *Zoologie*, Stuttgart 1990, S. 689.

Seite 70
Pressefoto Bayer AG

Seite 75
Klaus Richarz/Alfred Limbrunner, *Fledermäuse. Fliegende Kobolde der Nacht*, Stuttgart 1992, S. 60.

Seite 79
«Innovartis. Das ärztliche Panorama», 4/1998, S. 36.

Seite 87
sspencer@rhino.bocklabs.wisc.edu

Seite 99
Infografik von Wolfgang Sischke

Seite 103
Infografik verändert nach R. Otteni in:
J. Blech, *Leben auf dem Menschen*, Reinbek 2000, S. 158

Seite 105
Stiftung Deutsches Hygiene Museum Dresden, Tafel aus der Kleinausstellung «Hygiene des Schulkindes».

Lilli Thal
Kommissar Pillermeier
(21158)
Kommissar Pillermeier und
sein Assistent Rudolf
Flotthammer sind die
Krönung der organisierten
Verbrechensbekämpfung –
Ein wunderbarer Krimispaß
mit einem Heldenpaar, das
den Vergleich mit «Dick und
Doof» nicht zu scheuen
braucht.

Roald Dahl
Matilda
(21182 / ab Dez. 2001)
Der Kinderbuchklassiker als
einmalige Sonderausgabe –
Matilda entdeckt, dass sie
nicht nur ein Wunderkind
mit scharfen Verstand ist,
sondern auch über übersinn-
liche Kräfte verfügt.
«Eine Liebeserklärung an
das Reich der Phantasie.»
Abendjournal

Angela Sommer-Bodenburg
Der kleine Vampir
(21157)
Der Klassiker von Angela
Sommer-Bodenburg als
Geschenkband.
Anton ist ein echter Vampir-
Fan. Bis eines Tages ein
echter Vampir, Rüdiger von
Schlotterstein, auf seinem
Fensterbrett sitzt. Zusam-
men mit seiner freundlichen
Schwester Anna bringt er
Antons Leben ganz schön
durcheinander!

Franziska Biermann
Das Glücksbuch
(20949)
Glück – das möchte jeder haben! Doch was ist Glück eigentlich?
Wo trifft man es? Wie geht man damit um? Und wie hält man
es fest? Franziska Biermann beantwortet diese gewichtigen
Fragen mit vielen «Tipps + Tricks». Und da Kreativität bekannt-
lich glücklich macht, kommen auch Maler und Schnippler nicht
zu kurz.

«Eigentlich ist das Buch selbst schon ein Glück, so anarchisch
und wohltuend kommt es daher. Die Anekdoten geben einem
alle schön zu denken, dem Griesgram genauso wie dem immer
rundum Seligen. Mit wenigen Tips wird man hier glücklich.
Nehmen Sie eine Flugstunde für Glücksschweine, damit es nicht
wieder bloß an Ihnen vorüberrast.» *TZ, München*